Abdela Atisso Mohammed
Ashebir Sidelil

CONCEITOS FUNDAMENTAIS DE GEOMETRIA

Abdela Atisso Mohammed

Ashebir Sidelil

CONCEITOS FUNDAMENTAIS DE GEOMETRIA

Referência da Graduação

ScienciaScripts

Imprint
Any brand names and product names mentioned in this book are subject to trademark, brand or patent protection and are trademarks or registered trademarks of their respective holders. The use of brand names, product names, common names, trade names, product descriptions etc. even without a particular marking in this work is in no way to be construed to mean that such names may be regarded as unrestricted in respect of trademark and brand protection legislation and could thus be used by anyone.

Cover image: www.ingimage.com

Este livro é uma tradução do original publicado sob ISBN 978-620-2-66999-3.

Publisher:
Sciencia Scripts
is a trademark of
International Book Market Service Ltd., member of OmniScriptum Publishing Group
17 Meldrum Street, Beau Bassin 71504, Mauritius
Printed at: see last page
ISBN: 978-620-2-58987-1

Escritor:

Abdela Atisso (M.Ed)

Ashebir Sidelil (PhD)

Índice

Objectivo: No final deste Livro, o leitor deverá ser capaz de:-

- ❖ compreender as noções básicas em geometria absoluta,
- ❖ aplicar conceitos de geometria algébrica em Euclidiano e geometria hiperbólica,
- ❖ aplicar a função de distância e conceitos relacionados para provar a congruência entre triângulos,
- ❖ compreender os axiomas básicos da geometria euclidiana e a sua consistência,
- ❖ aplicar axiomas e teoremas para resolver diferentes problemas
- ❖ compreender os axiomas básicos e as propriedades únicas da geometria hiperbólica e a sua consistência,
- ❖ compreender o Modelo Poincare,
- ❖ Distinguir a diferença entre a geometria euclidiana e hiperbólica, Desenvolver competências em provas matemáticas.

Capítulo I

1. Geometria Absoluta

1.1.Introdução

A geometria começou como a ciência da medição da terra ou da topografia por volta de 2000 a.C. no Egipto e na Mesopotâmia (Babilónia, no Iraque de hoje). A palavra "geometria" da língua grega é uma combinação de duas palavras "geo" significa terra e "metria" significa medição. Assim, a Geometria é a ciência da forma, tamanho e simetria. Enquanto a aritmética trata de estruturas numéricas, a geometria trata de estruturas métricas. A geometria, tal como a aritmética, requer para o seu desenvolvimento lógico apenas um pequeno número de princípios simples e fundamentais. Estes princípios fundamentais são chamados os axiomas da geometria. Um sistema axiomático tem quatro partes: termos indefinidos, axiomas (também chamados postulados), definições e teoremas.

Termos indefinidos (Primitivos): Ponto, Linha e Plano não têm definição formal em Matemática. Mas concordamos intuitivamente sobre estes conceitos para o benefício de definir conceitos subsequentes. Assim,

- **Ponto**: é o que não tem parte. Nós representamos pontos geometricamente por pontos e os denotemos por letras maiúsculas como A, B, C, P, Q, etc.

- **Linha:** é um comprimento sem largura que pode ser estendido tanto quanto desejado em qualquer direção. Também definimos uma linha como um conjunto de pontos com apenas uma dimensão, ou seja, o comprimento. Representamos a linha por uma marca indefinidamente fina e comprida, e denotamos por letras pequenas como l, h ou , subscrições como l_1, m_1 etc.

- **Plano:** é aquele que tem apenas comprimento e largura, ou seja, uma superfície plana que não tem profundidade (nem espessura). Um plano é denotado por letras gregas como α , β , π etc.

A figura 1.1.1 abaixo representa o ponto P,   uma linha que passa pelos pontos P & Q e um plano π

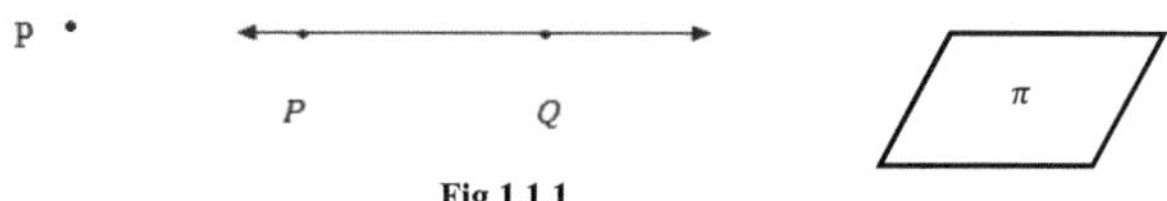

Fig 1.1.1

Axiomas: são acordados em princípios iniciais, que são depois utilizados para gerar outras afirmações, conhecidas como "teoremas", utilizando princípios lógicos.

Os cinco axiomas da geometria/ postulados da Euclid são os seguintes

1. Axiomas de incidência (ligação)
2. Axiomas de ordem (entre'ness)
3. Axiomas de congruência
4. Axioma de continuidade (axioma de Arquimedes)
5. Axioma de paralelos (axioma de Euclides)

Geometria Absoluta ou Neutra: é a geometria derivada dos quatro primeiros postulados de Euclides e não no postulado paralelo. É por vezes referida como geometria neutra, uma vez que é neutra no que diz respeito ao postulado paralelo. Ou seja, são verdadeiras tanto na geometria euclidiana como na não euclidiana. Enquanto os postulados de Euclides formam a base da geometria e foram dominantes até ao início do século ^{XIX}, depois do estudo da geometria divide-se em geometria Euclidiana e Não-Euclidiana com base na filosofia reflectida no axioma do $5°$ Euclides ou no postulado paralelo. A geometria absoluta é a interacção entre as duas categorias da geometria.

Este capítulo espera dar um tratamento rigoroso às noções básicas, definições, axiomas e teoremas em geometria absoluta e conceitos relacionados para resolver diferentes problemas.

1.2.Axiomas de Incidência

Como o nome implica, os axiomas de incidência ou conexão estabelecem uma conexão ou disposição entre os conceitos, nomeadamente, pontos, linhas rectas e planos. Afirmações como "um ponto é incidente com uma linha", "um ponto está sobre uma linha", "uma linha passa por um ponto" e "uma linha contém um ponto" são frequentemente utilizadas neste teorema.

Definição: 1. 1.1

- Dizemos ponto Pencontra-se numa linha l se P ∈ l.

- Diz-se que duas linhas se cruzam ou se encontram se houver um ponto que se situe nas duas linhas.
- Duas linhas são paralelas se não se encontrarem.
- Os pontos que se encontram na mesma linha são denominados pontos colineares.
- Um conjunto de pontos que se encontram no mesmo plano são chamados pontos coplanares.
- As linhas que se situam no mesmo plano são chamadas linhas coplanares.

O grupo dos axiomas de incidência inclui o seguinte:

AI_1: Tendo em conta dois pontos distintos, há exactamente uma linha que contém ambos.

AI_2: Cada linha contém pelo menos dois pontos.

AI_3: Tendo em conta os três pontos não colineares distintos, existe exactamente um plano que os contém.

AI_4: Cada avião contém pelo menos três pontos não lineares.

AI_5: Se dois pontos se encontram num plano, então a linha que os contém encontra-se no plano.

AI_6: Se dois planos distintos têm um ponto em comum, então têm pelo menos mais um ponto em comum.

AI_7: Existem pelo menos quatro pontos que não se encontram num avião

Notação:

- Uma linha que passa pelos pontos P e Q será denotada por $\overrightarrow{PQ}$.
- Salvo indicação em contrário, entende-se por linha recta.
- Um plano contendo os pontos P e Q & R será indicado por $\overleftrightarrow{PQR}$.

Actividade 1.1.2

1. Escreva a definição que descreve cada uma das seguintes frases
   - Conjunto de pontos não-colineares
   - Segmento de linha
   - Linhas simultâneas
   - Teorema
   - preposição

- Corolário
- Lemma

2. Classificar cada uma das seguintes afirmações como sendo verdadeiras ou falsas

    a. Para cada dois pontos distintos existe uma linha única incidente sobre eles.

    b. Para cada linha existem pelo menos dois pontos incidentes.

    c. Existem três pontos distintos, de tal forma que não se verifica qualquer linha nos três.

Vejamos agora algumas das consequências imediatas deste grupo de axiomas.

Teorema 1.1.3: Duas linhas distintas não se podem intersectar em mais do que um ponto

Comprovação: deixar **l** e **m** ser duas linhas distintas. Cada linha tem pelo menos dois pontos (AI_2). Suponhamos que têm dois pontos em comum (por exemplo **P** e **Q**). Mas por AI_1 **P** e **Q** determinar uma linha única. Isto está em contradição com o pressuposto de que **l** e **m** são duas linhas distintas. Por conseguinte, não podem intersectar-se em mais do que um ponto.

Observações: Do teorema acima, conclui-se que duas linhas distintas ou se cruzam num só ponto ou não se cruzam. **A figura 1.1.2** mostra a possível relação entre duas linhas **l** e **m** num avião.

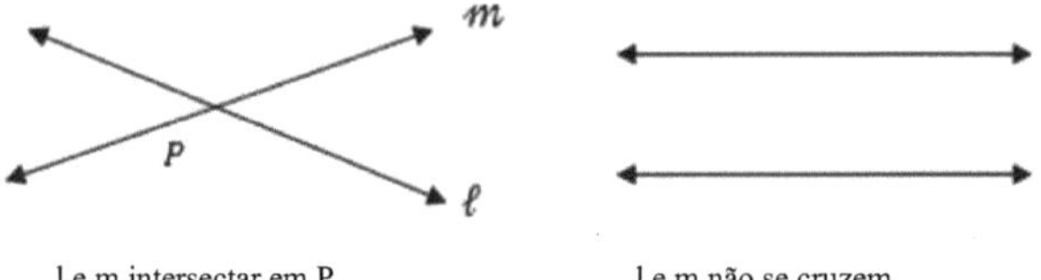

l e m intersectar em P   l e m não se cruzem

Fig 1.1.2

Teorema 1.1.4: Dois aviões encontram-se em linha ou não se encontram de todo.

Comprovação: Let π e μ ser dois planos diferentes que se encontram. Suponhamos que eles se encontram num ponto P. Depois π e μ têm mais um ponto Q em comum pelo AI6. Assim, P e Q estão em ambos π e μ. Mas P e Q determinam uma linha única, digamos l pela AI1. Linha l reside em ambos π e μ (AI_5). Este é cada ponto em linha l é comum a ambos π e μ. Além disso, não podem ter qualquer outro ponto que não l em comum, uma vez que são planos distintos. Por conseguinte, se têm um ponto em comum, encontram-se numa linha, caso contrário não se encontram.

4

Teorema 1.1.5: Duas linhas de intersecção determinam um e apenas um plano.

Comprovação: Let l em ser duas linhas diferentes que se intersectam. Suponhamos que se intersectam num ponto P (teorema 1.2.1). Depois le m cada um tem mais um ponto, digamos Q e R por AI2. Assim, P, Q e R são não-colineares. Assim, formam um plano único por AI3.

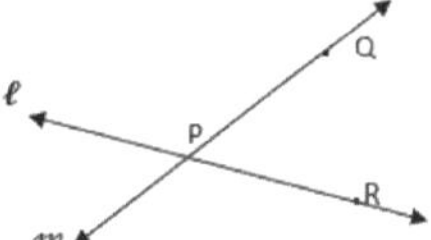

Fig 1.1 3: Duas linhas de intersecção

Teorema 1.1.6: Dada uma linha e um ponto que não se encontra na linha, existe exactamente um plano que contém ambos.

Comprovação: Let l ser uma linha e P ser um ponto não sobrel. l Conter pelo menos dois pontos, digamos A e B (AI2).

Depois, os pontos P, A e B são não lineares. Por AI1l é a única linha que contém A e B.

Por AI3 existe um avião $\overleftrightarrow{PAB}$ contendo os pontos P, A e B. Assim, o avião contém l (AI5).

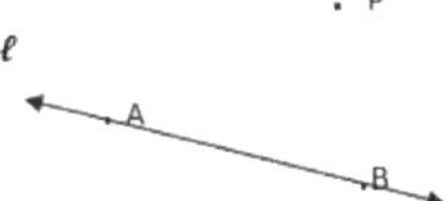

Fig 1.1.4: Uma linha e um ponto que não está na linha

Teorema 1.1.7: Se uma linha intersecta um plano que não a contém, então a intersecção é um ponto único.

Comprovação: deixar l ser uma linha que não está num plano π . Suponhamos que l intersecção π num ponto P. temos de mostrar que P é o único ponto comum deleπ. Suponhamos que há outro ponto em comum, digamos Q. então, l $= \overleftrightarrow{PQ}$ (AI1). Por AI5l encontra-se em π.esta é uma contradição a hipótese de quel ser uma linha que não se encontra num aviãoπ. Assim, a nossa suposição é falsa e, por conseguinte, o cruzamento é um ponto único.

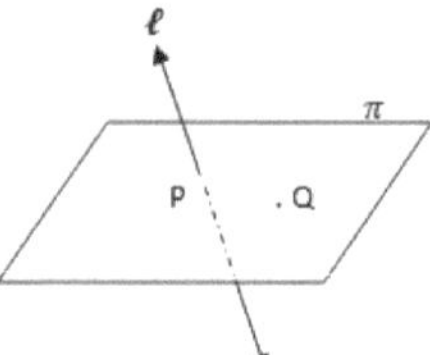

Fig .1.1.5: Um plano e uma linha que intersecta o plano

Teorema 1.1.8: Há pelo menos quatro aviões.

Comprovação: Pela AI7, há pelo menos quatro pontos que não são coplanares. Vamos designar estes pontos por X, Y, Z e W. Quaisquer três deles não são colineares (se assim for, temos uma linha e um ponto que não está na linha. Pelo teorema 1.2.4, isto forma um plano que é contra AI7). Assim, quaisquer três deles não são colineares. Assim, temos quatro planos, nomeadamente **X, Y, Z;X, Y, W;X, Z, W** e **Y, Z, W**.

Daí, a prova.

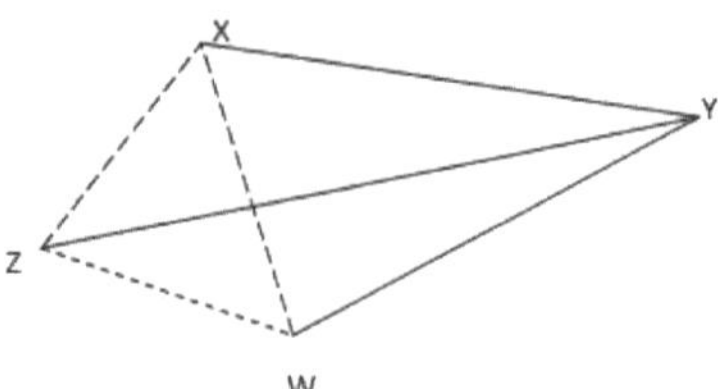

Fig 1.1.6: Quatro planos no espaço

Corolário 1.1.9: existem pelo menos 6 linhas.

Prova: esquerda como um exercício.

Exercício 1.1.10: Justificar as seguintes afirmações

1. Tendo em conta cinco pontos, nenhum dos quais três é colinear. Quantas linhas contêm dois destes cinco pontos? Se quatro dos cinco pontos não são coplanares, quantos aviões contêm três dos cinco pontos?

2. Dado $n \in N$ pontos distintos em que nenhum dos três é colinear e nenhum dos quatro é coplanar. Quantas linhas contêm duas delas? Quantos aviões contêm três delas?

1.3.Função de Distância e o Postulado do Régua

Até agora, ainda não indicámos que os pontos são identificados com números reais. O Postulado do Governador dá sentido ao termo distância indefinida e traz o conceito de pontos como números reais. Antes de declararmos o postulado do Governante, precisamos dos seguintes preliminares:

Definição 1.2.1:

1. O **segmento de linha** determinado pelos pontos P e Q, denotado por $\overline{PQ}$ é o conjunto de todos os pontos entre P e Q, incluindo os pontos finais P e Q. Ou seja, utilizando a notação definida, o **segmento de linha** que une P e Q é $\overline{PQ} = \{P, Q\} \cup \{K /$ K é um ponto entre P e Q$\}$

2. O **comprimento** dos segmentos $\overline{PQ}$ denotado por PQ é a distância a partir de P para Q.

3. Para dois segmentos $\overline{PQ}$ e $\overline{RS}$, $PQ = RS \Leftrightarrow \overline{PQ} \equiv \overline{RS}$ onde o símbolo "$\equiv$" leia-se como "é congruente com".

Definição 1.2.2: Uma função **f** do conjunto **X** para fixar **Y** é:

1. Uma função sobrejectiva se para qualquer y em Y há pelo menos um x em X de tal modo que $f(x) = y$.

2. Uma função injectiva se $f(x_1) = f(x_2)$ então $x_1 = x_2$ para todos x_1 e x_2 em X.

3. Um bijectivo se for simultaneamente um injectivo e um sobrejectivo.

Recordar que o axioma da incidência dá sentido a uma linha como um conjunto de pontos e que cada par de pontos determina uma linha única. Além disso, estávamos a lidar com a estrutura: pontos, linhas e planos. Enquanto as linhas são conjuntos de pontos, os planos são conjuntos de linhas. Nas secções seguintes vamos considerar um conjunto S como um conjunto de todos os pontos e um conjunto L como um conjunto de todas as linhas. Assim, qualquer linha l é um subconjunto de S e qualquer plano é um subconjunto de L. A existência desse conjunto não trivial de S, denominado avião Eculidean, é garantida pelo postulado Existence, que é declarado do seguinte modo

Postulado de existência: A recolha de todos os pontos forma um conjunto não vazio com mais do que um ponto.

Lemma 1.2.3: Tendo em conta dois pontos quaisquer **P, Q** $\in$ **S** existe uma linha que contém ambos *P* e Q.

Comprovação: Tendo em conta dois pontos quaisquer $P, Q \in S$Temos de mostrar que existe uma linha l que contém tanto p como Q. Temos dois casos possíveis para esses dois pontos:

Primeiro caso: se $P \neq Q$então está exactamente em linha $l = \overline{PQ}$ de tal forma que P e Q na linha l (AI_1).

Segundo caso: se$P = Q$então, pelo postulado da existência, deve haver um segundo ponto $R \neq P$. Em seguida, por AI_1 há uma linha única l que contém tanto P como R. $P = Q \implies Q \in l$. Por conseguinte, existe uma linha l que contém ambos P e Q.

Definição 1.2.4: Uma função de distância num conjunto S é uma cartografia $d: S \times S \rightarrow R$ de tal modo que, para todos $P, Q \in S$

1. $d(P, Q) \geq 0$
2. $d(P, Q) = d(Q, P)$ para todos P, Q ∈S
3. $d(P, Q) = 0$ se e só se P = Q

Exemplo 1.2.5: definir a distância entre dois pontos $P = (x_1, y_1)$ e $Q = (x_2, y_2)$ no avião cartesiano por $d: R \times R \rightarrow R$ por$d_E(P, Q) = \sqrt{(x_2 \text{-} x_1)^2 + (y_2 \text{-} y_1)^2}$. Em seguida, mostrar que d é a função de distância.

Solução:

- Observar que o valor da raiz quadrada é um número não negativo; por conseguinte, a raiz quadrada é definida e não negativa.

- $d_E(P, Q) = \sqrt{(x_2 - x_1)^2 + (y_2 - y_1)^2}$
$$= \sqrt{(x_1 - x_2)^2 + (y_1 - y_2)^2}$$
$$= d_E(Q, P)$$

- Para os bens (3), primeiro suponha $P = Q$. Então
$$d_E(P, Q) = d_E(P, P)$$
$$= \sqrt{(x_1 - x_1)^2 + (y_1 - y_1)^2}$$

$= 0$Isto mostra que $P = Q \Rightarrow d_E(P, P) = 0$.

Para obter o inverso, assumir que$d_E(Q, P) = 0$. Depois
$$0 = \sqrt{(x_1 - x_2)^2 + (y_1 - y_2)^2} = (x_1 - x_2)^2 + (y_1 - y_2)^2$$

$\Rightarrow x_1 = x_2$ e$y_1 = y_2$

$$\Rightarrow P = Q. \ d_E(Q, P) = 0$$

$$\Rightarrow P = Q$$

Note o subscritoE .d_Eé uma função de distância, a que chamamos **função de distância Euclidiana**.

Definição 1.2.6: Suponha-se que **d** é uma função de distância sobre um conjunto **S**. Dada uma linha lchamamos f: l $\rightarrow$ **R** um **sistema de** régua ou **de coordenadas**, para l se:

- f é uma bijecção
- para cada par de pontos P, Q $\in$ l, d(P, Q) = |f(P)-f(Q)|.

Note-se que:

- f(P)e f(Q) são chamadas as coordenadas de P e Qno que diz respeito a f.
- se P e Q forem pontos numa linha lentãoPQ = |f(P)-f(Q)|. Em especial, se e $x = f(P)$

  $y = f(Q)$depois PQ = |f(P)-f(Q)| = |x-y| é o valor da distância a partir de P para Q.

Axiom (O postulado do governante): Cada linha tem um sistema de coordenadas.

Restatement: Para cada linha lhá uma função bijectiva f: l $\rightarrow$ **R** com a propriedade que, para quaisquer dois pontos A, B emltemos **AB** = |**f(A)-f(B)**|

Observe isso: A régua é uma função que dá uma correspondência de um para um entre pontos em linhas e números reais e a função da régua deve identificar cada segmento com uma distância.

Definição 1.2.7:

1. Uma função d com as propriedades correctas para medir a distância é chamado de métrica, ou seja d: SXS $\longrightarrow$ R (onde Sé o conjunto de todos os pontos) que satisfazem:
   - $d(P, Q) \geq 0$
   - d(P, Q) = d(Q, P) para todos PєS
   - d(P, Q) = 0 se e só se P = Q é chamada métrica.

2. Suponhamos que dé uma função de distância em S, {S, L}é uma geometria de incidência, e cada linha l є Ltem uma régua. Nós dizemos {S, L}satisfaz o postulado do governante e nós chamamos {S, ,d} uma geometria métrica.

Teorema 1. 2.8: A distância é uma métrica.

Comprovação: Que sejam e P Q sejam pontos. Depois temos de mostrar que cada um dos seguintes pontos se mantém: 1. **PQ = QP**

2. PQ ≥ 0

3. PQ = 0 ⟺ P = Q

Se P = Q então é trivial.

Suponhamos que P e Q são distintas, depois há uma linha l que contém tanto P como Q (AI$_1$). Pelo postulado do governante, existe uma função de um para um$f: 1 \to$ R. Deixemos $x = f(P)$ e de $y = f(Q)$ tal forma que a distância seja dada por:

PQ = |f(P)-f(Q)| = |x-y| = |y-x| = QP   (1)

PQ = |x-y| ≥ 0 (Justificar)   (2)

Se PQ = 0então 0 = PQ = |x-y| ⟺ x = y. Assim,P = Q   (3)

Assim, de 1-3 temos distância é uma métrica.

Exemplo 1.2.9: No plano cartesiano, qualquer linha vertical pode ser descrita pela equação **x = a**e qualquer linha não-vertical **l** pode ser descrito por alguma equação $y = mx + b$. Mostrar que uma linha arbitrária no plano euclidiano satisfaz o postulado do governante.

Solução

Que $1 = L_a$ ser uma linha vertical no plano cartesiano $\{R^2, L_E\}$. P ∈ l implica que P = (a, y) para alguns y. define a régua padrão f: $1 \to$ **R** por f(P) = $f((a, y))$ = y. Então, para qualquer P = (a, y_1) e Q = (a, y_2) eml,|f(P)-f(Q)| = $|y_1 - y_2|$ = $d_E(P, Q)$. Uma vez que f é uma bijecção, segue-se que f é uma régua paral.

Agora, deixemos $1 = L_{m,b}$ ser uma linha não vertical em $\{R^2, L_E\}$. Note-se que, se P = (x_1, y_1) = $(x_1, mx_1 + b)$ e Q = (x_2, y_2) = $(x_2, mx_2 + b)$ são pontos sobrelentão:

$$d_E(P, Q) = \sqrt{(x_1 - x_2)^2 + [(mx_1 + b) - (mx_2 + b)]^2}$$
$$= \sqrt{(x_1 - x_2)^2 + m^2(x_1 - x_2)^2}$$

$= \sqrt{1 + m^2}|x_1 - x_2|$.

Por conseguinte, é razoável definir f: $1 \to$ R em P = (x, y) de tal modo que

$$f(P) = f((x, y)) = x\sqrt{1 + m^2}$$

Então para cada P = (x_1, y_1) e Q = (x_2, y_2) eml,

$$|f(P)\text{-}f(Q)| = \left|x_1\sqrt{1+m^2}\text{-}x_2\sqrt{1+m^2}\right| = \sqrt{1+m^2}|x_1\text{-}x_2| = d(P,Q).$$

Além disso, f é um sobrejectivo uma vez que para qualquer $t \in R$, $f(P) = t$ onde$P = \left(\frac{t}{\sqrt{1+m^2}}, \frac{mt}{\sqrt{1+m^2}} + b\right)$.

Assim, f é uma régua para le $\varepsilon = \{R^2, L_E, d_E\}$ é uma geometria métrica, a que chamamos o plano euclidiano.

Observe isso: O postulado do governante define implicitamente duas funções

    1. A função métrica que mede a distância

    2.   Uma função de coordenação que nos diz como colocar a régua

Quando colocamos uma régua para medir uma distância, podemos usar qualquer secção da régua para medir. A maneira mais fácil de colocar a régua é colocá-la para que o 0 esteja na extremidade esquerda do segmento que queremos medir. O postulado de colocação da régua garante que é sempre possível encontrar uma função coordenada adequada para medir um segmento com um lado esquerdo alinhado com 0. Note que o postulado de colocação de régua (ver o teorema abaixo) não é realmente um postulado, mas chamamos-lhe isso porque é a única função de coordenada que realmente queremos usar

Teorema 1.2.10 (Postulado de Colocação de Régua): para cada par de pontos *P*, *Q* distintos, existe uma função de coordenadas $\mathbf{f: \overleftrightarrow{PQ} \longrightarrow R}$ de tal modo que $\mathbf{f(P) = 0}$ e $\mathbf{f(Q) > 0}$.

Lemma 1.2.11: Deixemos $\mathbf{f: l \to R}$ ser uma função de coordenação para l e deixar $\mathbf{c \in R}$. Depois $\mathbf{g: l \to R}$ dada por $\mathbf{g(P) = f(P) + c}$ é também uma função de coordenação para l.

Comprovação: Temos de mostrar três coisas. Ou seja

    1. g é de um para um,

    2. g em, e

    3.   Para dois pontos quaisquer $P, Q \in l, PQ = |g(Q)\text{-}g(P)|$

1. Suponhamos que $g(Q) = g(P)$. Depois$f(Q) + c = f(P) + c$. Assim,$f(Q) = f(P)$. Desde f é de um para um, $P = Q$. Assim, $g(Q) = g(P) \implies P = Q$.

   Por conseguinte, g é de um para um.

2. Que $x \in R$. Uma vez que *f* está em cima, existem $P \in l$ de tal modo que $f(P) = x\text{-}c$ para que

   $g(P) = f(P) + c = x$. Por conseguinte, $\forall x \in R$, $\exists P \in l$ de tal modo que $g(P) = x$.

Assim, o g está em cima.

3. $PQ = |f(Q) - f(P)| = |g(Q) - c - g(P) + c| = |g(Q) - g(P)|$

Daí, g é uma função de coordenação paral.

Lemma 1.2.12: Deixemos f: l → **R** ser uma função de coordenação. Então, **g(x)** = **-f(x)**é uma função de coordenação.

Comprovação: Aqui também esperávamos mostrar três coisas. Ou seja

1. g é de um para um,

2. g em, e

3. Para dois pontos quaisquer $P, Q \in l, PQ = |g(Q)-g(P)|$

1. Que g(P) = -f(P). Suponha-se que g(P) = g(Q). Depois-f(P) = -f(Q) ⇒ P = Q. Assim, g é um para um.

2. Que x ∈ R. Uma vez que f está em cima, há algum ponto P∈l de tal modo que f(P) = -x. Por conseguinte, existemP∈l de tal modo que g(P) = x.

   Por conseguinte, g está em cima.

3. $PQ = |f(Q) - f(P)| = |-g(Q) - -g(P)| = |-g(Q) + g(P)| = |g(Q) - g(P)|$

   Daí, g(x) é uma função de coordenação.

Exercício 1.2.13

1. Mostrar que a função de distância euclidiana satisfaz a desigualdade triangular.

2. Mostrar que para a linha não-vertical $y = x, f(P) = x\sqrt{2}$ é o regente desta linha.

3. Let l ser a linha $L_{2,3}$ que é uma linha com inclinação 2 contendo o ponto (0, 3) no plano cartesiano com função de distância d. Mostrar que se para um ponto arbitrário $Q = (x, y)$, $f(Q) = 5x$mostrar que f é um governante para l. Além disso, encontrar a coordenada de R = (1,5).

1.4.O Axioma do entre'ness

Nesta secção utilizamos o termo indefinido "entre" para estabelecer algumas propriedades de uma relação de ordem entre pontos de uma linha e um plano. Grosso modo, B está entre A e C na linha l se os pontos estiverem situados desta forma:

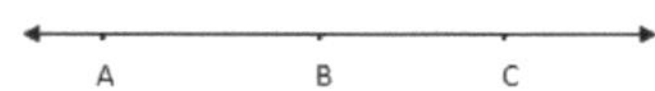

Fig 1.3.1

Notação: O ponto B situa-se entre os pontos A e C será designado por A -B - C.

Definição 1.3.1: Tendo em conta dois pontos A e C distintos, o segmento de linha que liga A e C, denotado por $\overline{AC}$ é dada por $\overline{AC} = \{B \in \overleftrightarrow{AC}/\text{A-B-C}\}U\{A, C\}$.

Isto significa que para os diferentes pontos A, B, C; B está entre A e C, e nós escrevemos A-B-Cse

$B \in \overline{AC}$e$AB + BC = AC$.

O grupo dos **axiomas de entre'ness** inclui o seguinte:

    AB1: Se o ponto B se encontrar entre os pontos A e C, então A, B, C são três pontos distintos numa linha e B também se encontra entre C e A.

    AB2: Se A e C são dois pontos numa linha l então existe pelo menos um ponto B sobre l de tal forma que A-B-C. Este axioma garante a existência de, pelo menos, três pontos numa linha.

    AB3: Se A, B e C são três pontos colineares, então um e apenas um deles está entre os outros.

    AB4: Quaisquer quatro pontos de uma linha podem ser rotulados P, Q, R e S de tal forma que P - Q - R, P - Q - S, P - R - S e também Q - R - S.

    Em resultado da AB4, temos:

Fig 1.3.2: Aposta numa linha

Actividade 1.3.2

1. Da discussão que realizámos até agora, que conclusões tira sobre o número de pontos de uma linha? Justifica a sua resposta?
2. Explique por que razão é necessário o colinear na definição de entre'ness.

Teorema 1.3.3: Se**A-B-C**então**C-B-A**.

Comprovação: A-B-C implica**AB + BC = AC**. Tendo isto em conta, temos de afirmar que**C-B-A** ou seja **CB + BA = CA**.

Que x, y e z sejam coordenadas de A, B e C, respectivamente. Em seguida,

$$CB + BA = |y - z| + |x - y|$$

$$= |z\text{-}y| + |y\text{-}x|$$

$$= |y\text{-}x| + |z\text{-}y| = AB + BC = AC$$

$$= |z\text{-}x| |x\text{-}z| = CA.$$

Daí, a prova.

Dica: Recall parametric equation of a line from algebra. No plano euclidiano **A-B-C** se e só se houver um número t com $0 < t < 1$ e **B = A + t(C-A)**.

Recorde-se também que para quaisquer três números reais x, y e z se y situa-se entre x e zentão apenas uma das seguintes é válida: Ou $x < y < z$ ou $z < y < x$. O teorema seguinte diz como relação análoga entre pontos de uma linha.

Teorema 1.3.4 (Teorema entre os pontos): Que A, B, C sejam pontos distintos numa linha l. Let $f: l \rightarrow \mathbf{R}$ ser uma função de coordenação para l. Depois**A-B-C** se e só se $f(A) < f(B) < f(C)$ ou $f(C) < f(B) < f(A)$

Comprovação:

1. ($\Longrightarrow$): Suponha-se que $f(A) < f(B) < f(C)$.

   Depois $AB + BC = |f(B)\text{-}f(A)| + |f(C)\text{-}f(B)|$

   $$= f(B)\text{-}f(A) + f(C)\text{-}f(B) \text{ desde } f(B)\text{-}f(A) > 0 \ \& \ f(C)\text{-}f(B) > 0$$

   $$= f(C)\text{-}f(A) = |f(C)\text{-}f(A)| = AC$$

   Assim, por definição $AB + BC = AC$ implicam queA-B-C. Um argumento semelhante é válido em $f(A) > f(C) > f(B)$

2. ($\Longleftarrow$): Suponhamos queA-B-Ctemos de mostrar que $f(A) < f(B) < f(C)$ ou $f(C) < f(B) < f(A)$. Desde A-B-Cpor AB_1A, B e C são distintos. Assim, todos os AB, BC e AC são diferentes de zero.

   Agora, $AC = |f(C)\text{-}f(A)| \neq 0 \Longrightarrow f(C) \neq f(A) \Longrightarrow$ ou $f(C) > f(A)$ ou $f(C) < f(A)$.

   $AB = |f(B)\text{-}f(A)| \neq 0 \Longrightarrow f(B) \neq f(A) \Longrightarrow$ ou $f(B) > f(A)$ ou $f(B) < f(A)$.

   Novamente de $BC = |f(C)\text{-}f(B)| \neq 0 \Longrightarrow f(C) \neq f(B) \Longrightarrow$ ou $f(C) > f(B)$ ou $f(C) < f(B)$.

   Assim, a partir dos três casos, podemos concluir que A-B-C implica $f(C) > f(B) > f(A)$ ouf(C) < f(B) < f(A).

Corolário 1.3.5: Se A, B, C são pontos colineares distintos, então um deles situa-se exactamente entre os outros dois.

Comprovação: Uma vez que A, B, C são pontos distintos, então eles correspondem a números reais $x = f(A)$, $y=f(B)$e $z = f(C)$. Então, pelo teorema 1.3.4, um está entre o outro. Temos agora de mostrar que se **A-B-C** então também não **A-C-B** nem **B-A-C** ou o inverso.

Suponhamos que A-B-C eA-C-B.

A partir de A-B-C temos AB + BC = AC e de A-C-B temos AC + CB = AB

Acrescentando os dois, AB + BC + AC + CB = AC + AB

2BC = 0 $\Rightarrow$ BC = 0O que não é o caso, uma vez que B e C são distintos.

As restantes alternativas conduzem também a um resultado semelhante (verifique-o).

>   Daí, a prova.

Corolário 1.3.6 Que os pontos A, B e C sejam tais que $B \in \overline{AC}$. Depois **A-B-C** $\Leftrightarrow$ **AB < AC**

Comprovação:

1. ($\Rightarrow$): suponha-se que A-B-Centão precisamos de mostrar queAB < ACDe A-B-C temos
    AC = AB + BC $\Rightarrow$ AB < AC (uma vez que todos os AB, AC e BC são números reais positivos.

2. O inverso é um exercício de esquerda.

Definição 1.3.7: O ponto M é o ponto médio do segmento $\overline{AB}$ se **A-M-B**e **AM = MB**.

Teorema 1.3.8: Cada segmento de linha tem exactamente um ponto médio.

Comprovação: Dado um segmento de linha$\overline{AB}$Temos de mostrar três coisas. Isto é, temos de mostrar três coisas,

>   1. Existência do ponto médio M,
>   2.   A-M-B e
>   3. Um ponto médio deste tipo é único.

1. Para provar a existência, deixe f ser uma função de coordenação para a linha$\overleftrightarrow{AB}$ e definirx $= \frac{f(A)+f(B)}{2}$.

    Uma vez que f está em cima, existe algum ponto M$\in \overleftrightarrow{AB}$ de tal modo quef(M) = x.

    Assim, 2f(M) = f(A) + f(B)ouf(M)-f(B) = f(A)-f(M)Por conseguinte, AM = MB.

2. Para garantir que A-M-Ba=mínimo (f(A)f(B)) e b=máximo (f(A)f(B)). Uma vez que A e B são distintos, então a $\neq$ b e nós temos x $= \frac{a+b}{2}$ com a < b. Daí, x $< \frac{2b}{2} = $ b   e x >

$\frac{2b}{2} = a$ dando $a < x < b$. Assim, ou $f(A) < f(M) < f(B)$ ou $f(A) > f(M) > f(B)$.

Assim, por Theorem 1.3.4 A-M-B

3. Para verificar o carácter único, existe exactamente um desses números x de tal modo que $f(M) = xe$, por conseguinte, existe exactamente um desses pontos M.

Observações:

1. Sabemos que uma linha contém pelo menos dois pontos (AI_2). Agora, utilizando AB_2 e Theorem 1.3.8 obtemos repetidamente o seguinte resultado: Uma linha contém infinitamente muitos pontos.

2. Uma linha situada num plano divide o plano em duas partes, chamadas meios planos; qualquer ponto de uma linha divide a linha em duas partes; chamadas meias linhas.

3. Que O seja qualquer ponto sobre uma linha l. Depois dizemos que os pontos A e B de l estão em lados diferentes de O se A - O - B, caso contrário dizemos que estão no mesmo lado de O.

1.5.O Postulado de Separação de Aviões

Intuitivamente, sabemos que uma linha divide um avião em metades. Estas duas metades são chamadas meias-aviões. Vamos tomar esta observação como um axioma.

Definição 1.4.1: Um conjunto de pontos S é convexo se, para cada ponto $P, Q \in S$, o segmento inteiro $\overline{PQ}$ encontra-se em S.

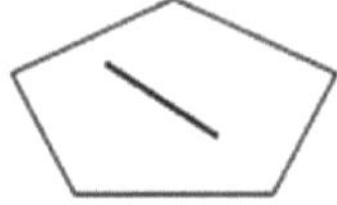

Fig 1.4.1: Conjunto de pontos convexos

Fig 1.4.2: Conjunto de pontos não convexos

Axiom 1.4.2(Postulado de separação de planos): Dada uma planície π. Para cada linha l em π os pontos que não se baseiam l formar dois conjuntos convexos não vazios H_1 e H_2 chamados meios-aviões delimitados por l de tal modo que, se $P \in H_1$ e $Q \in H_2$ então $\overline{PQ} \cap l \neq \emptyset l$.

Ilustração: Como se vê na **figura 1.4.3** abaixo, enquanto os pontos P e Q se encontram em lados opostos de lA e B estão do mesmo lado de l (ver definição 1.4.3 infra). $\overline{PQ}$ intersectar a linha l porque e $P\ Q$ estão em diferentes meios-planos chamados H_1 e H_2 que são delimitadas por lConsiderando que ambos $\overline{AB}$ e $\overline{DE}$ não se cruzem l uma vez que os pontos que formam o segmento se encontram no mesmo meio plano.

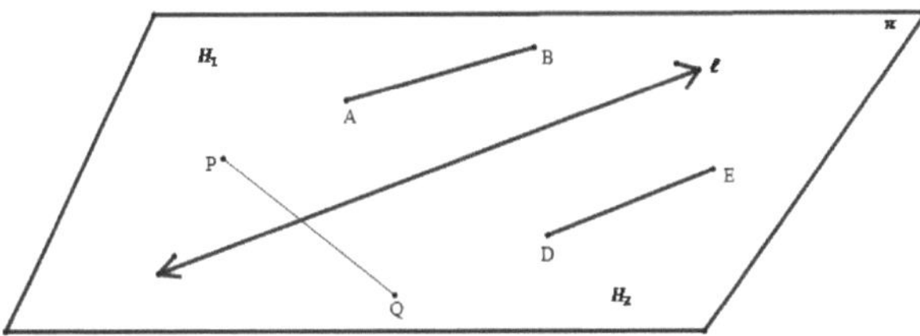

Figura 1.4.3: Um plano separado por uma linha

Observe o seguinte: o postulado de separação do plano diz-nos o seguinte: Enquanto A e B são pontos do mesmo lado (em meio planoH_1) de lD e E estão do outro lado (ou meio plano).H_2) de l. Assim,

1. $H_1 U H_2$ = todos os pontos sobre π excepto os pontos sobre l ou seja $\pi/$ l e $H_1 \cap H_2 = \emptyset$.

2. $A, B \in H_1 \Rightarrow \overline{AB} \subseteq H_1$ e $\overline{AB} \cap l = \phi$. Do mesmo modo, $D, E \in H_2 \Rightarrow \overline{DE} \subseteq H_2$ e $\overline{DE} \cap l = \phi$.

3. $P \in H_1$ e $Q \in H_2 \Rightarrow \overline{PQ} \cap l \neq \phi$.

Notação: Let l ser uma linha e P um ponto não em l. Depois utilizamos H_{Pl} para denotar o meio-plano de l que contém P. Quando a linha é clara do contexto, utilizaremos apenas a notação H_P

Definição 1.4.3: Diz-se que dois pontos *A e B* se situam do mesmo lado da linha l se ambos se encontrarem no mesmo avião.

Em termos desta notação, podemos reafirmar o postulado de separação do plano da seguinte forma.

Axiom 1.4.4(Postulado de separação de planos, segunda forma): Let l ser uma linha e deixar que A, B sejam pontos não em l. Então *A e B* estão do mesmo lado de l se e só se $\overline{AB} \cap l = \emptyset$ e estão em lados opostos de l se e só se $\overline{AB} \cap l \neq \emptyset$.

Definição 1.4.5

1. Que O seja um ponto sobre uma linha l. Um conjunto de pontos constituído pelo ponto O e por todos os pontos que se encontram do mesmo lado do O é designado por raio. O ponto O é chamado ponto final da semi-reta. Usamos o ponto O e quaisquer outros pontos dizem A, na semi-reta para lhe dar o nome. Esta raia será denotada por$\overrightarrow{OA}$.

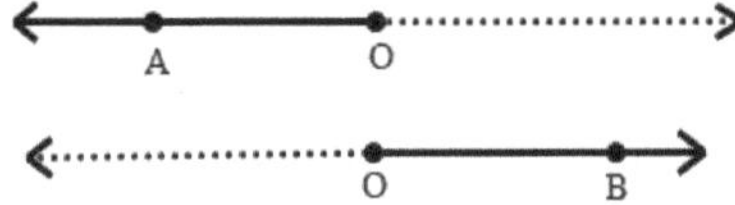

Fig 1.4.4: Raio $\overrightarrow{OA}$ e $\overrightarrow{OB}$

Note-se que: $\overrightarrow{OA}$ é a união de $\overline{OA}$ e o conjunto de todos os pontos C de modo a que O-A-C. Assim, utilizando a notação set a ray $\overrightarrow{OA}$pode ser definido como $\overrightarrow{OA} = \{O, A\} \cup \{P/O\text{-}P\text{-}A\} \cup \{C/O\text{-}A\text{-}C\}$

2. Dois raios $\overrightarrow{OA}$ e $\overrightarrow{OB}$com o mesmo parâmetro O são raios opostos se $\overrightarrow{OA} \neq \overrightarrow{OB}$e AB = OA + OB

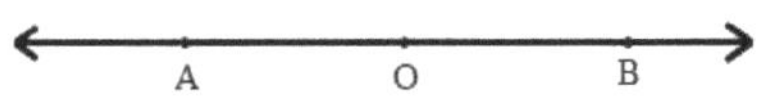

Fig 1.4.5: Raios opostos

Definição 1.4.6 Um ângulo é a união de dois raios $\overrightarrow{OA}$ e $\overrightarrow{OB}$ com o mesmo desfecho, e é denotado por∠**AOB** ou ∠**BOA** (em alternativa, **AÔB** ou **BÔA**). O ponto O é chamado vértice do ângulo e os dois raios são chamados os lados do ângulo.

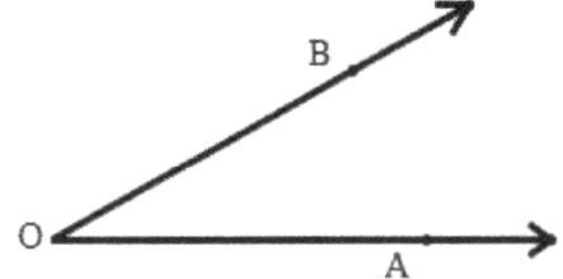

Fig 1.4.6: Ângulo AOB

Definição 1.4.7 Que os pontos A, B e C sejam tais que os raios $\overrightarrow{AB} \neq \overrightarrow{AC}$ mas não o contrário.

1. O interior de∠BAC, denotado por int∠BAC é$H_{B,\overline{AC}} \cap H_{C,\overline{AB}}$. Ou seja, o interior de um ângulo ∠BAC é a intersecção de

    a. O meio plano determinado pela linha $\overrightarrow{OA}$ que contém os pontos B e

    b. O meio plano determinado pela linha $\overrightarrow{OB}$ que contém A.

3. O exterior de um ângulo∠BAC, denotado por ext∠BACé o conjunto de todos os pontos que não se encontram∠BAC nem interior de ∠BAC .

Ilustração: O interior do ângulo ∠**BAC** é a intersecção dos dois meios-aviões.

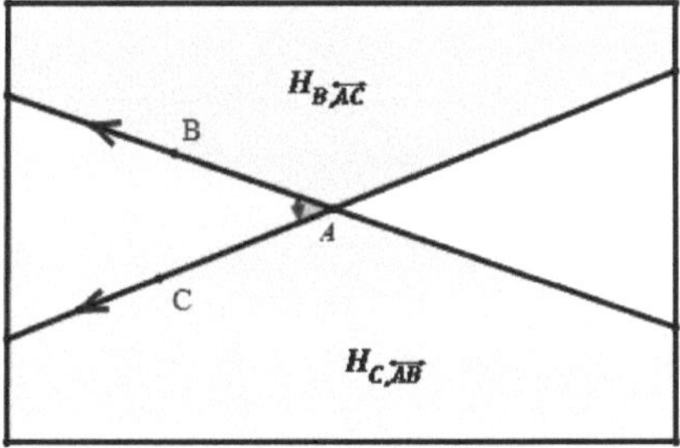

19

Observe isso: Um segmento de linha formado por dois pontos quaisquer no interior ∠**BAC** não se intersecta ∠**BAC** ou seja, o interior de um ângulo é um conjunto convexo.

Definição 1.4.8: Para os pontos não lineares A, B e C triângulo **ABC**A união dos três segmentos é a seguinte $\triangle ABC$ $\overline{\textbf{AB}}, \overline{\textbf{BC}}, \overline{\textbf{CA}}$. Ou seja $\triangle \textbf{ABC} = \overline{\textbf{AB}} \cup \overline{\textbf{BC}} \cup \overline{\textbf{CA}}$.

Os pontos A, B e C são chamados os vértices do triângulo, e os segmentos e $\overline{AB}, \overline{BC}$ $\overline{CA}$ são chamados os lados do triângulo. Assim, o interior do $\triangle ABC$ é definido como a intersecção do lado do triângulo de$\overleftrightarrow{AB}$, $\overleftrightarrow{BC}$ e $\overleftrightarrow{AC}$que contém os pontos C, A e B, respectivamente.

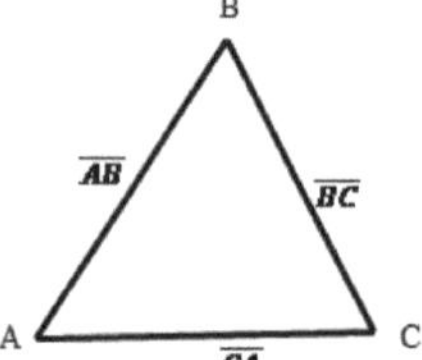

Fig 1.4.8: Triângulo ABC ($\triangle ABC$)

Teorema 1.4.9 (Teorema de Pasch): Que o ABC seja um triângulo e suponha que l é uma linha que não inclui A, B ou C. Então, se l intersects $\overline{\textbf{AB}}$ então também intercepta $\overline{\textbf{BC}}$ ou$\overline{\textbf{CA}}$.

Comprovação: Tendo em conta $\triangle ABC$ que uma linha l não inclui nenhum dos vértices A, B ou C, mas intercepta$\overline{\textbf{AB}}$. Temos de mostrar que $\overline{\textbf{AB}}$ deve intersectar$\overline{\textbf{CA}}$ ou$\overline{\textbf{BC}}$.

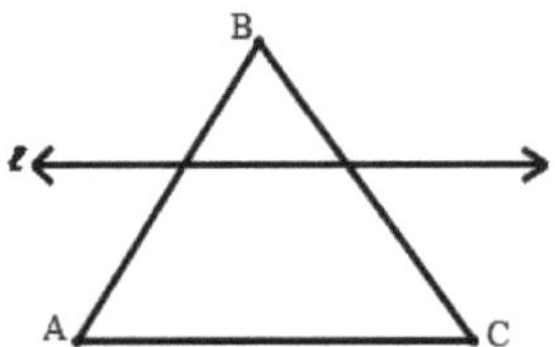

Fig 1.4.9

Que H_1 e H_2 ser os dois meios-planos determinados por l. Em seguida, os pontos A e B encontram-se em meios-planos opostos pelo postulado de separação do plano e pela hipótese.

Sem qualquer perda de generalidade, digamos A $\in$ H$_1$ e B $\in$ H$_2$. Então ou C $\in$ H$_1$ ou C $\in$ H$_2$. Se C $\in$ H$_1$B e C estão em meios-planos opostos, pelo que$\overline{BC}$ intersects l (pelo postulado de separação do avião). Em alternativa, se C $\in$ H$_2$então A e C estão em meios-planos opostos. Por isso$\overline{AC}$ intersects l.

Daí, a prova.

Exercício 1.4.10: Comprovar as seguintes afirmações

1. O interior de um triângulo é sempre um conjunto convexo.
2. O interior de um triângulo é a intersecção dos interiores dos seus ângulos.

1.6.Medidas angulares

Recordar que um ângulo é a união de dois raios com um ponto final comum. O ponto final comum é chamado de vértice; os dois raios são chamados de lados do ângulo. Para vermos os teoremas sobre medidas angulares, precisamos dos seguintes preliminares:

Definição 1.5.1

1. Diz-se que dois ângulos são **adjacentes** se e só se tiverem o mesmo vértice, um lado em comum e nenhum deles contém uma parte interior do outro.
2. Dois ângulos que são congruentes, respectivamente, com dois ângulos adjacentes cujos lados não comuns formam uma linha recta são chamados **ângulos suplementares**. Cada um de um par de ângulos suplementares é denominado suplemento do outro.

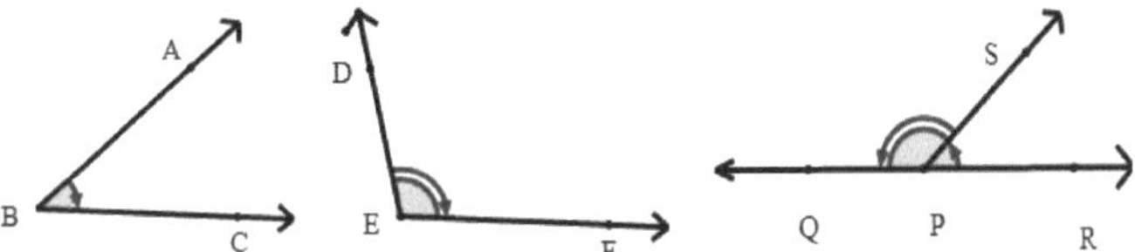

Fig 1.5.1: Ângulos suplementares

∠ABC ≡ ∠SPR, ∠DEF ≡ ∠QPS e Q, P, R são Collinear. Daí, ∠ABC e ∠DEF são ângulos suplementares.

3. Os ângulos não adjacentes, formados por duas linhas de intersecção, são chamados **ângulos verticais**.

4. Diz-se que um ângulo é um **ângulo recto** se e só se for congruente com o seu ângulo suplementar.

5. Um ângulo cujos dois lados formam uma linha recta é chamado **ângulo recto**.

6. Diz-se que dois ângulos adjacentes são **suplementares** se a sua união formar um ângulo recto.

7. Dadas três linhas no mesmo plano, uma linha que intersecta duas linhas em dois pontos diferentes é chamada **linha transversal**.

Ilustração: Na figura 15, linhas l_3 intersectar ambos l_1 e l_2 em dois pontos diferentes. Assim, l_3 é uma transversal. $\angle 7$ e $\angle 8$ são ângulos suplementares adjacentes. São os seguintes $\angle 7$ e $\angle 6$ são ângulos verticais. **Note-se também que:** 5 & 4 são chamados ângulos interiores alternativos. 5&1 são denominados ângulos correspondentes.

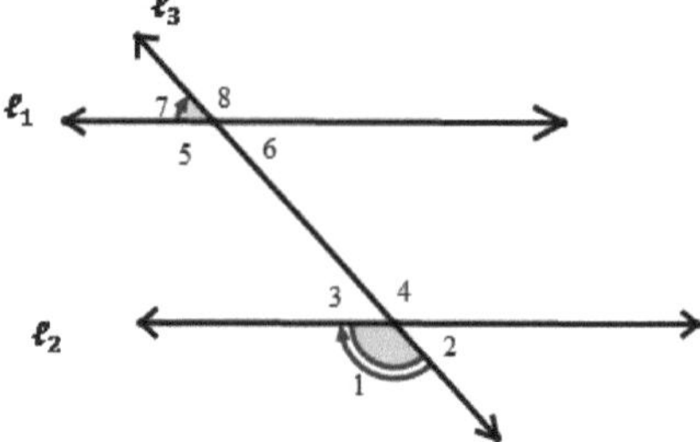

Fig 1.5.2: Duas linhas e uma transversal

Actividade 1.5.2

1. Na **figura 1.5.2**, indicar outros pares de ângulos adjacentes, ângulos verticais, ângulos interiores alternados e ângulos correspondentes.

2. Defina cada uma das seguintes opções:

   a. Ângulo agudo

   b. Ângulo obtuso e

   c. Ângulos complementares.

Fazem parte do axioma da congruência os seguintes aspectos. Para a vantagem de provarmos os próximos teoremas, afirmamo-los aqui. Os axiomas das medidas angulares incluem o seguinte:

1. **O postulado de construção em ângulo**: deixar $\overrightarrow{AB}$ ser um raio na borda de um meio plano **H**. Para cada número r entre 0 e 180, existe exactamente um raio $\overrightarrow{AP}$, com P em **H**de tal modo que **m∠PAB = r**

2. **O postulado de adição angular**: se D for o int∠**BAC**então **m∠BAC=m∠BAD + m∠DAC**

3. **O postulado do suplemento**: se dois ângulos formam um par linear, então são suplementares.

Teorema 1.6.2(teorema da subtracção angular):

Se ∠ABC e∠DEFsão ângulos tais que o ponto G é o int∠ABCO ponto H está no int∠DEF e∠ABC ≡ ∠DEF , ∠ABG ≡ ∠DEH então∠GBC ≡ ∠HEF.

Prova: a prova implementa directamente o axioma de construção angular. Assim, deixado como um exercício.

Actividade 1.6.3: Provar o seguinte

1. Na figura 1.5.3,$\overline{AE} ≡ \overline{DE}$, $\overline{BE} ≡ \overline{CE}$ e em ∠AEB ≡ ∠DEC. Provar que∠ABD ≡ ∠DCA.

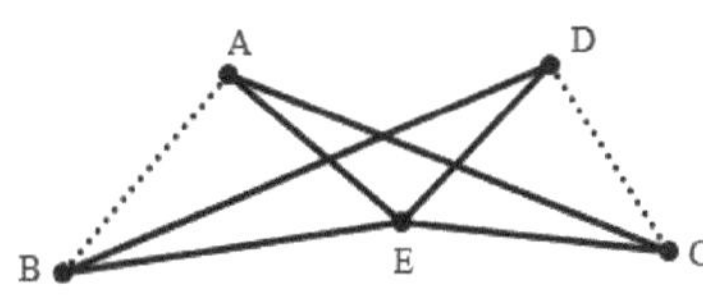

Fig 1.5.3

2. (O teorema dos ângulos verticais): se dois ângulos formam um par vertical (ângulos verticalmente opostos), então são congruentes.

3. Se duas linhas de intersecção formarem um ângulo recto, então formam quatro ângulos rectos.

1.7.Axiomas de congruência/congruência entre triângulos

Intuitivamente, dois números são congruentes significa que o primeiro pode ser movido sem alterar o seu tamanho ou forma para que coincida com o outro número. Nesta secção vamos considerar alguns axiomas de congruência para descrever as suas propriedades essenciais que nos ajudam a provar vários teoremas relativos à congruência de segmentos, ângulos e triângulos.

Notação: Usamos o símbolo "≡" para significar que é congruente e " "≢não congruente.

O grupo dos **axiomas da congruência** inclui o seguinte:

AC1 (Axioma de congruência de segmentos):

    a. Se $\overline{A\ \ \ B}$ é um segmento de linha então $\overline{A\ \ \ B}$ ≡ $\overline{A\ \ \ B}$ (Reflexividade)

    b. Se $\overline{AB}$ e $\overline{CD}$ são segmentos de linha tais que $\overline{AB}$ ≡ $\overline{CD}$ então $\overline{CD}$ ≡ $\overline{AB}$ (Simetria)

    c. Se $\overline{AB}$, $\overline{CD}$ e $\overline{EF}$ são segmentos de linha tais que $\overline{AB}$ ≡ $\overline{CD}$ e $\overline{CD}$ ≡ $\overline{EF}$ então $\overline{AB}$ ≡ $\overline{EF}$. (Transitividade)

  AC2 (Axioma da construção do segmento): Se $\overline{AB}$ é um segmento de linha e C é um ponto sobre uma linha l então existe em l num dos lados de C exactamente um ponto D tal que $\overline{AB}$ ≡ $\overline{CD}$

AC3 (Axioma de adição de segmentos): Se A, B, C, D, E, F forem pontos tais que -B-C , D-E-F, $\overline{AB}$ ≡ $\overline{DE}$ e $\overline{BC}$ ≡ $\overline{EF}$ então $\overline{AC}$ ≡ $\overline{DF}$.

     A   B   C   D   E   F

Fig 1.6.1: $\overline{AB}$ ≡ $\overline{DE}$, $\overline{BC}$ ≡ $\overline{EF}$ então $\overline{AC}$ ≡ $\overline{DF}$

AC4 (Axioma de congruência de ângulos):

    a. Para qualquer ∠A, ∠A ≡ ∠A (Reflexividade)

    b. Se A e B são ângulos tais que ∠A ≡ ∠B então ∠B ≡ ∠A (Simetria)

    c. Se , B e C são ângulos tais que ∠A ≡ ∠B e ∠B ≡ ∠C então ∠A ≡ ∠C (Transitivo)

AC5 (Axioma de construção em ângulo): Se ABC é um ângulo e l é uma linha em qualquer plano e $\overrightarrow{ED}$ é um raio em l então há um e apenas um raio $\overrightarrow{EF}$ cujo todos os pontos, excepto E, se situam num dos dois meios-planos determinados por l de tal modo que ∠**ABC** ≡ ∠**DEF**

AC6 (Axioma de congruência dos triângulos): em ΔABC e ΔDEF se $\overline{AB}$ ≡ $\overline{DE}$, ∠ABC ≡ ∠DEF e $\overline{BC}$ ≡ $\overline{EF}$ então $\overline{AC}$ ≡ $\overline{DF}$, ∠BAC ≡ ∠EDF e ∠ACB ≡ ∠DFE.

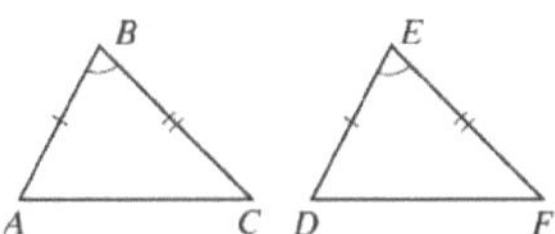

Fig 1.6.2: Congruência de triângulos

Note-se que: do AC6 os dois triângulos são congruentes. Neste caso dizemos que os dois triângulos são congruentes por congruência do lado do ângulo lateral (SAS).

Através da utilização dos axiomas da congruência vamos provar vários teoremas relativos à congruência de segmentos, ângulos e triângulos. Primeiro provamos dois teoremas sobre a congruência de segmentos.

Teorema 1.6.1 Se A, B, C, D, E e F forem pontos tais que **A-B-C, D-E-F,$\overline{AB} \equiv \overline{DE}$** e $\overline{AC} \equiv \overline{DF}$ então$\overline{BC} \equiv \overline{EF}$.

Comprovação: deixar os pontos como na figura 1.6.3 e supor$\overline{BC}$ não é congruente com$\overline{EF}$. Depois, por AC2, existe um ponto G sobre o raio$\overrightarrow{EF}$ diferente de E e F de tal forma que$\overline{BC} \equiv \overline{EG}$. Por conseguinte, ou **E-G-F** ou **E-F-G.** Em ambos os casos, temos **D-E-G.**

Agora, a partir de$\overline{AB} \equiv \overline{DE},\overline{BC} \equiv \overline{EG}$, A-B-C e D-E-G daí decorre que$\overline{AC} \equiv \overline{DG}$ (por AC3). Mas pelo nosso pressuposto$\overline{AC} \equiv \overline{DF}$. Assim, por AC2 G = F. Assim temos F ≠ G e F = G o que é impossível. Por conseguinte, a suposição$\overline{BC}$ não é congruente com$\overline{EF}$ é falso. Por conseguinte, é falso, $\overline{BC} \equiv \overline{EF}$.

Fig 1.6.3: $\overline{AB} \equiv \overline{DE}$, $\overline{AC} \equiv \overline{DF}$ então $\overline{BC} \equiv \overline{EF}$

Teorema 1.6.2: Se *A, B, C, D, E* são pontos tais que *A - B - C* e $\overline{AC} \equiv \overline{DE}$ depois existe exactamente um ponto **X** de tal modo que $\overline{AB} \equiv \overline{DX}$ e **D-X-E.**

Prova: Suponhamos que A, B, C, D, E são pontos tais que **A-B-C** e$\overline{AC} \equiv \overline{DE}$. Depois, como B, C estão do mesmo lado de A em linha. $\overleftrightarrow{AC}$temos$\overline{AB} \not\equiv \overline{DE}$ (por AC2).

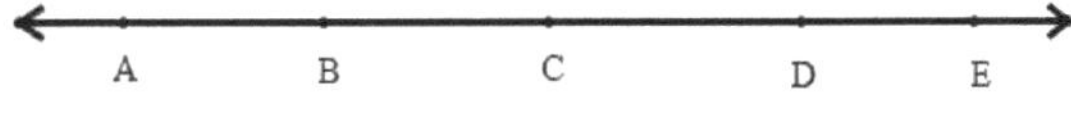

Fig 1.6.4

Assim, existe um ponto único X em raio $\overline{DE}$ de tal modo que $\overline{AB} \equiv \overline{DX}$ (por AC3). Mais uma vez, utilizando AC3, existe um ponto G na linha que passa por D e E tal que D-X-G e $\overline{BC} \equiv \overline{XG}$. Mas A-B-C, D-X-G, $\overline{AB} \equiv \overline{DX}, \overline{BC} \equiv \overline{XG}$ implica $\overline{AC} \equiv \overline{DG}$. A partir de $\overline{AC} \equiv \overline{DE}$, $\overline{AC} \equiv \overline{DG}$ e G, E estão na linha que passa por D e E do mesmo lado de D, daí resulta que E = G (AC3). Por conseguinte, existe exactamente um ponto X tal que $\overline{AB} \equiv \overline{DX}$ e D - X - E.

Corolário1.6.3: Tendo em conta dois segmentos congruentes $\overline{XZ}$ e $\overline{PR}$. Se Y for qualquer ponto sobre $\overline{XZ}$ diferente de X e Z, existe um ponto Q único sobre $\overline{PR}$ diferentes formas P e R, de tal forma que $\overline{XY} \equiv \overline{PQ}$ e $\overline{XZ} \equiv \overline{QR}$.

Prova: Esquerda como um exercício

Agora é tempo de tratar de alguns pontos básicos sobre triângulos congruentes. Lembrem-se que cada triângulo tem três vértices, três lados e três ângulos. Se dois triângulos, digamos ΔABC e ΔDEF são congruentes e satisfazem necessariamente seis pares de congruência. Ou seja, congruência entre três pares de lados correspondentes e três pares de ângulos correspondentes. Assim, podemos estabelecer uma - a - uma correspondência entre os lados e ângulos correspondentes. Graças aos seguintes teoremas que dão como condição suficiente para afirmar a congruência de triângulos sem demonstrar todas as seis propriedades.

Actividade 1.6.4: Definir o seguinte tipo de triângulos

1. Triângulo   rectângulo angular 4. Triângulo equidistante
2. Triângulo   anguloso agudo 5. Triângulo isósceles
3. Triângulo   anguloso obtuso 6. Triângulo escamoteado

Congruência entre triângulos (SAS, ASA, SSS, RHS, AAS)

Teorema 1.6.5 (Angle Side Angle, ASA):

Se dois ângulos e o lado incluído de um triângulo forem congruentes, respectivamente, com dois ângulos e o lado incluído de outro triângulo, então os triângulos são congruentes.

Comprovação: deixar ΔABC e ΔDEF ser dois triângulos tais que $\widehat{A} \equiv \widehat{D}$, $\overline{AB} \equiv \overline{DE}$ e $\widehat{B} \equiv \widehat{E}$ como indicado na figura 1.6.5 infra. Precisamos de mostrar: $\Delta ABC \equiv \Delta DEF$. Mas por AC_6 é suficiente mostrar $\overline{BC} \equiv \overline{EF}$ (ou $\overline{AC} \equiv \overline{DF}$). Se $\overline{BC} \equiv \overline{EF}$ (em alternativa, $\overline{AC} \equiv \overline{DF}$) então $\Delta ABC \equiv \Delta DEF$ pela SAS (AC_6).

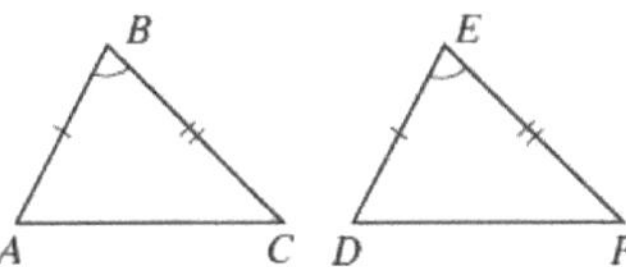

Fig 1.6.5

Suponhamos que $\overline{BC} \not\equiv \overline{EF}$. Então ou BC > EF ou BC < EF. Uma vez que o argumento para ambos os casos é o mesmo, consideremos o caso BC > EF. Depois existe um ponto G único sobre a radiografia$\overrightarrow{BC}$ de tal modo que $\overline{BG} \equiv \overline{EF}$ (AC3). Assim, em ΔABG e ΔDEFtemos o seguinte

	Declaração	razão
1	$\overline{AB} \equiv \overline{DE}$	dado
2	$\angle ABG \equiv \angle DEF$	dado
3	$\overline{BG} \equiv \overline{EF}$	construção
4	$\Delta ABG \equiv \Delta DEF$	SAS
5	$\angle BAG \equiv \angle EDF$	ângulos correspondentes de triângulos congruentes
6	$\angle BAC \equiv \angle EDF$	dado
7	$\angle BAG \equiv \angle BAC$	a partir de 5&6

Como $\overrightarrow{AG}$ e $\overrightarrow{AC}$ são raios diferentes, o resultado no passo 7 é uma contradição. Assim, a nossa suposição é falsa e$\overline{BC} \equiv \overline{EF}$. Daí$\Delta ABC \equiv \Delta DEF$.

Lemma 1.6.5 (teorema do triângulo isósceles): Os ângulos de base de um triângulo isósceles são congruentes.

Comprovação: Dado em Δ**ABC** de tal modo que$\overline{AB} \equiv \overline{AC}$. Temos de mostrar$\angle B \equiv \angle C$.

	Declaração	razão
1	$\overline{AB} \equiv \overline{AC}$	dado
2	$\angle BAC \equiv \angle CAB$	reflexive
3	$\overline{AC} \equiv \overline{AB}$	dado
4	$\Delta ABC \equiv \Delta CAB$	SAS

27

5    $\angle B \equiv \angle C$ ângulos correspondentes de triângulos congruentes

Teorema 1.6.6 (Lado do ângulo lateral, SSS)

Se os três lados de um triângulo são congruentes, respectivamente, com os três lados de outro triângulo, então os triângulos são congruentes.

Comprovação: Let **ABC** e **DEF** ser triângulos tais que $\overline{AB} \equiv \overline{DE}, \overline{BC} \equiv \overline{EF}$ e $\overline{AC} \equiv \overline{DF}$. Temos de mostrar que $\Delta ABC \equiv \Delta DEF$.

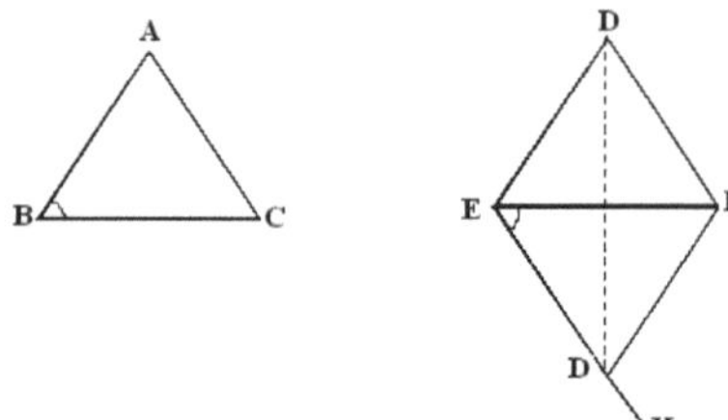

Fig 1.6.9

No meio plano, determinar por $\overleftrightarrow{EF}$ não contendo o ponto D, existe um ponto H tal que $\angle CBA \equiv \angle FEH$ (por AC5). Marcar ponto D' em $\overrightarrow{EH}$ para que $\overline{BA} \equiv \overline{ED'}$. Isto é possível através do axioma da construção do segmento (AC2). Assim, em ΔABC e $\Delta D'EF$ temos o seguinte:

	Declaração	razão
1	$\overline{AB} \equiv \overline{D'E}$	construção
2	$\angle ABC \equiv \angle D'EF$	construção
3	$\overline{BC} \equiv \overline{EF}$	dado
4	$\Delta ABC \equiv \Delta D'EF$	SAS
5	$\overline{AC} \equiv \overline{D'F}$	lados correspondentes dos triângulos congruentes
6	$\angle BAC \equiv \angle ED'F \& \angle ACB \equiv \angle D'FE$	ângulos correspondentes de triângulos congruentes

7	$\Delta DED'$ e $\Delta DFD''$. são isósceles	Desde $\overline{DE} \equiv \overline{D'E} \& \overline{DF} \equiv \overline{D'F}$
8	$\angle EDD'' \equiv \angle ED'D$ e $\angle FDD \equiv \angle FD'D$	lema 1.6.5
9	$\angle EDF \equiv \angle ED'F$	adição angular
10	$\angle BAC \equiv \angle EDF$	AC_4 ou do passo 5&8
11	$\Delta ABC \equiv \Delta DEF$	SAS

Teorema 1.6.7 (Angle Angle Angle Side, AAS ou dois ângulos e teorema lateral não incluído):

Se dois ângulos e um lado não incluído de um triângulo forem correspondentemente congruentes a dois ângulos e um lado não incluído de outro triângulo, então os dois triângulos são congruentes.

Comprovação: Esquerda como um exercício

Teorema 1.6.8 (Lado da Hipotenusa em ângulo recto, RHS):

Se a hipotenusa e uma perna de um triângulo direito são respectivamente congruentes com a hipotenusa e uma perna de outro triângulo direito, então os dois triângulos são congruentes.

Comprovação: deixar **ΔABC** e **ΔDEF** ser dois triângulos tais que$\overline{\mathbf{AB}} \equiv \overline{\mathbf{DE}}$, $\overline{\mathbf{AC}} \equiv \overline{\mathbf{DF}}$ e $\mathbf{m\hat{B}} = \mathbf{m\hat{E}} = \mathbf{90^0}$ como se pode ver na figura. Precisamos de mostrar**ΔABC** $\equiv$ **ΔDEF**

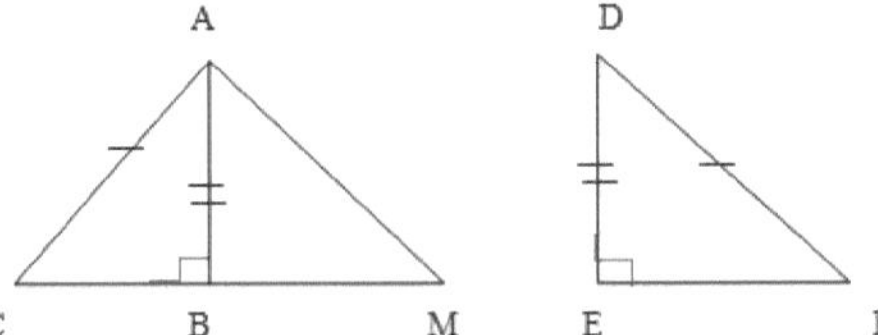

Fig 1.6.10

Ampliar $\overline{CB}$ para $\overline{CM}$ de tal forma que B se situa entre C e M e$\overline{BM} \equiv \overline{EF}$. Desenho$\overline{AM}$. Depois temos o seguinte:

	Declaração	razão
1	$\overline{AC} \equiv \overline{DF}$	dado
2	$\overline{AB} \equiv \overline{DE}$	dado
3	$\angle ABC \equiv \angle ABM \equiv \angle DEF$	todos são ângulos rectos

4	$\overline{BM} \equiv \overline{EF}$	construção
5	$\Delta ABM \equiv \Delta DEF$	SAS
6	$\overline{AM} \equiv \overline{DF}$	lados correspondentes do triângulo congruente
7	$\overline{AC} \equiv \overline{AM}$	etapas 1 e 6
8	$\angle ACB \equiv \angle AMB$	teorema do triângulo isósceles
9	$\Delta ABC \equiv \Delta DEF$	AAS

Exercício 1.6.9 Comprove as seguintes afirmações:

1. (o inverso do teorema do triângulo isósceles): se dois ângulos de um triângulo são congruentes, os lados opostos a esses ângulos são congruentes.

2. Que ΔABC ser isósceles tais que $\overline{AB} \equiv \overline{CB}$ e D é o ponto médio de$\overline{AC}$. Use o teorema da congruência do SSS para mostrar que $\overline{BD} \perp \overline{AC}$ e $\overline{BD}$é o bissector de $\angle$ABC.

3. Provar que o segmento de linha perpendicular desde o vértice até à base de um triângulo isósceles a. Bissectar o ângulo do vértice

    b. Divide a base em dois segmentos congruentes.

Teorema 1.6.10 (RHA): Se a hipotenusa e um ângulo não recto de um triângulo direito forem respectivamente congruentes com a hipotenusa e um ângulo não recto de outro triângulo direito, então os dois triângulos são congruentes.

Comprovação: Que Δ**ABC** e Δ**XYZ** ser dois triângulos rectos com ângulo recto em C e Z, respectivamente, de modo a $\overline{AB} \equiv \overline{XY}e\angle$**ABC** $\equiv$ $\angle$**XYZ**. Temos de mostrar que Δ**ABC** $\equiv$ Δ**XYZ**.

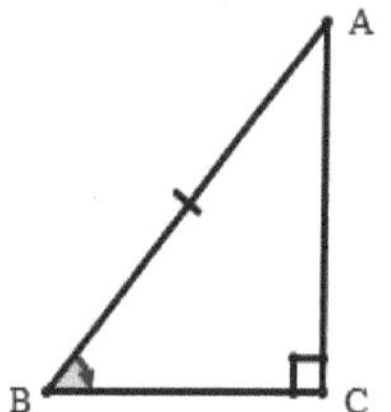
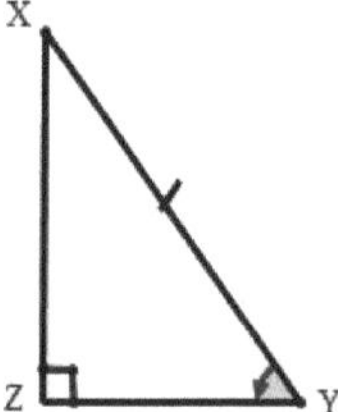

Fig 1.6.11

	Declaração	**razão**
1	$\overline{AB} \equiv \overline{XY}$	dado
2	$\angle ABC \equiv \angle XYZ$	dado
3	$\angle ACB \equiv \angle XZY$	ângulos rectos
4	$\triangle ABC \equiv \triangle XYZ$	AAS

Exercício 1.6.11:

1. Na figura 1.6.12, dado que $\overline{AB} \equiv \overline{AC}$ e $\angle DBC \equiv \angle DCB$. Provar que $\overline{AD}$ bissetos $\angle BAC$

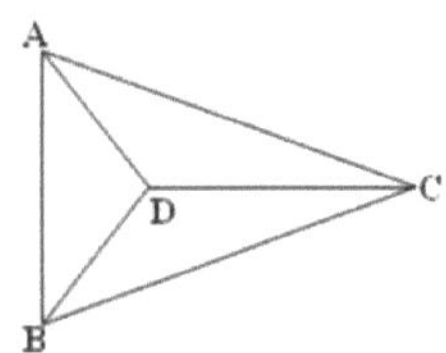

Fig 1.6.12

2. Na figura 1.6.13, $\overline{CD} \perp \overline{AB}$, $\overline{BE} \perp \overline{AC}$ e $\overline{CD} \equiv \overline{BE}$. Provar que $\overline{AD} \equiv \overline{AE}$

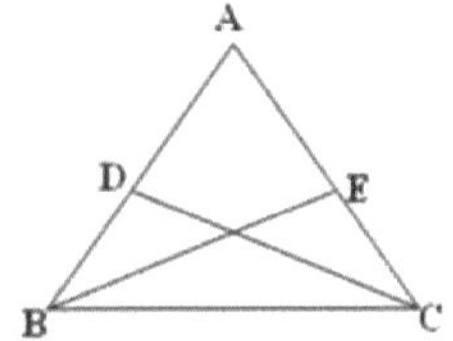

Fig 1.6.13

3. Na figura 1.6.14, $\overline{AB} \equiv \overline{AC}$, $\overline{AP} \equiv \overline{AQ}$ e $\angle BAC \equiv \angle PAQ$. Quais são os dois triângulos da figura que são congruentes? Dê razões.

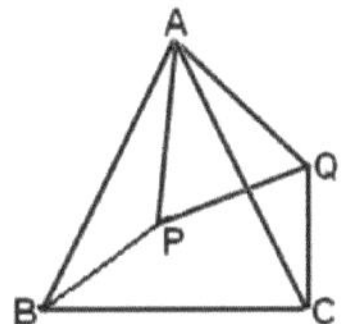

Fig 1.6.14

4. Provar: A bissetriz perpendicular da base de um triângulo isósceles passa pelo ponto de intersecção das bissetrizas dos ângulos da base.

1.8.Desigualdades geométricas

Até agora, temos lidado apenas com a congruência geométrica. Duas figuras geométricas são congruentes significa que a primeira figura pode ser movida sem alterar o seu tamanho ou forma, de modo a coincidir ou sobrepor-se à outra figura. Dois segmentos de linha são iguais em comprimento se e só se forem congruentes. Dois ângulos são iguais em medida se e só se forem congruentes e se dois triângulos forem congruentes, então todos os seus lados e ângulos correspondentes são congruentes.

Esta secção trata da comparação de segmentos e ângulos que não são congruentes. Veremos as condições em que um segmento ou ângulo é maior ou menor do que outro. Os conceitos de entre'ness para pontos e de congruência para segmentos podem ser combinados para desenvolver uma definição que pode ser utilizada para comparar segmentos. Esta definição pode ser utilizada, juntamente com alguns teoremas anteriores, para obter vários teoremas relacionados com a comparação de segmentos. Os ângulos podem ser comparados de forma muito semelhante à dos segmentos de linha. A secção começa com as seguintes definições sobre as desigualdades dos segmentos de linha e dos ângulos.

Definição 1.7.1

1. Segmento $\overline{AB}$ é dito ser **inferior ao** segmento $\overline{CD}$, denotado por $\overline{AB} < \overline{CD}$se e só se existir um ponto E tal que **C-E-D** e$\overline{AB} \equiv \overline{CE}$

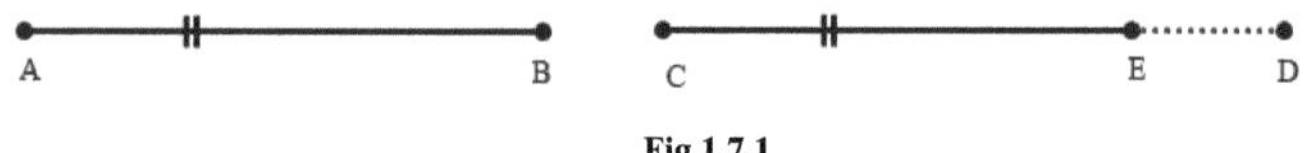

Fig 1.7.1

2. Ângulo $\angle ABC$ é dito ser inferior ao ângulo$\angle DEF$, expiada por$\angle ABC < \angle DEF$ se e só se existir um raio $\overrightarrow{EG}$ de tal forma que G está no int$\angle DEF$ e$\angle ABC \equiv \angle GEF$.

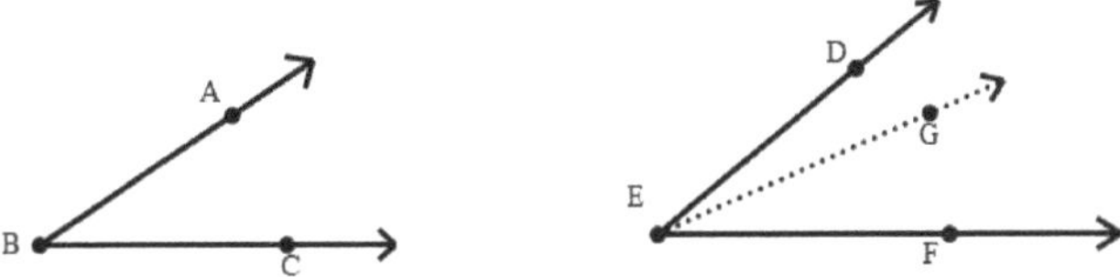

Fig 1.7.2

Lembrem-se disso: Os ângulos exteriores de um triângulo são o conjunto de todos os pontos que não se encontram nem nas bordas nem no interior do triângulo. Dado$\triangle$**ABC**, $\angle$**BCD** é dito ser um ângulo exterior remoto de$\angle$**CAB**. Designar outro ângulo exterior remoto de $\angle$**CAB**. Quantos ângulos exteriores tem um triângulo?

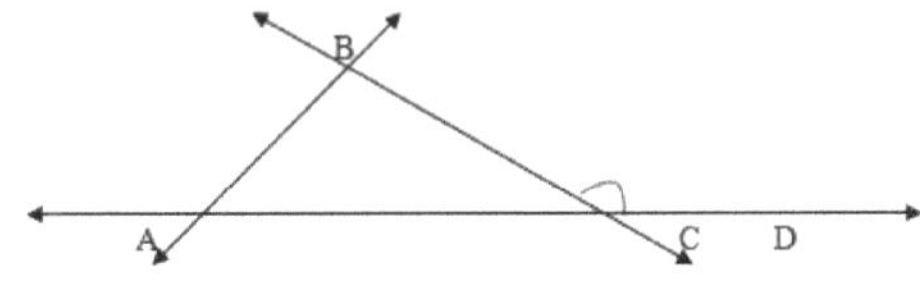

Fig 1.7.3

Teorema 1.7.1: Um ângulo interior de um triângulo é inferior a cada um dos seus ângulos exteriores remotos.

Comprovação: Considere $\triangle$**ABC** como na figura 1.7.4. Depois, pela AB2, existem os pontos D e G em $\overleftrightarrow{AC}$ e$\overleftrightarrow{AB}$ respectivamente, de modo a que **A-C-D** e **A-B-G**. Também existem pontos F e E em $\overleftrightarrow{BC}$ de tal modo que **F-B-C**e **B-C-E**. Agora, cada um dos$\angle$**ABF**, $\angle$**CBG**, $\angle$**BCD** e é um ângulo exterior remoto de $\angle$**BAC**. Agora, vamos mostrar que $\angle$**BAC** $<$ $\angle$**ABF** e as outras podem ser mostradas de forma análoga.

33

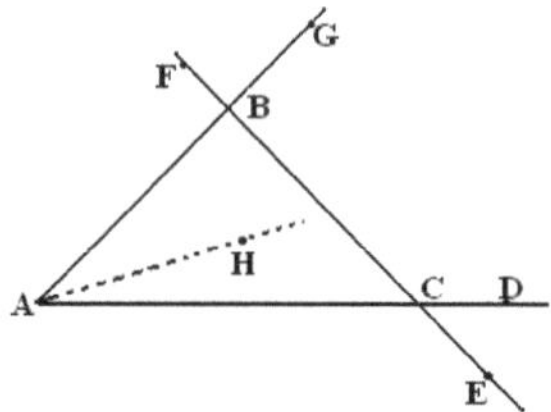

Fig 1.7.4

Temos apenas três possibilidades enquanto comparamos ∠BAC e ∠ABF

    1. ∠BAC ≡ ∠ABF

    2. ∠ABF < ∠BAC

    3. ∠BAC < ∠ABF

1. Suponhamos que ∠BAC ≡ ∠ABFentão $\overleftrightarrow{AC}$ é paralela a$\overleftrightarrow{BC}$ (Pense bem!). Mas $\overleftrightarrow{AC}$ e$\overleftrightarrow{BC}$ não são paralelas, uma vez que se cruzam em **C**. Assim, a suposição é falsa. Portanto ∠BAC não é congruente com ∠ABF.

2. Suponhamos que ∠ABF < ∠BACExiste um ponto H na int∠BAC de tal modo que ∠BAH ≡ ∠ABF. Mais uma vez, isto implica$\overleftrightarrow{AH}$ ∥ $\overleftrightarrow{BC}$. Mas isto é impossível como raio.$\overrightarrow{AH}$ lado dos cruzamentos$\overline{BC}$ de ΔABC em algum momento diferente de B e **C**. Assim, a suposição é falsa. Portanto ∠ABF não é inferior a ∠BAC.

3. Desde ∠BAC não é congruente com ∠ABF e ∠ABF não é inferior a ∠BACtemos ∠BAC < ∠ABF.

Analogamente, pode ser demonstrado que ∠BAC < ∠ACE,∠BAC < ∠ACE, ∠BAC < ∠CBG e ∠BAC < BCD. Por conseguinte, um ângulo interior de um triângulo é inferior a cada um dos seus ângulos exteriores remotos.

Teorema 1.7.2 Se dois lados de um triângulo não forem congruentes, então os ângulos opostos a esses lados não são congruentes e o ângulo inferior é oposto ao lado inferior.

Comprovação: Suponhamos que **ABC** é um triângulo com$\overline{AB}$ ≠ $\overline{AC}$. Depois ∠ABC ≠ ∠CABcaso contrário$\overline{AB}$ ≡ $\overline{AC}$. Agora desde$\overline{AB}$ ≠ $\overline{AC}$ou **AB** < **AC** ou **AC** < **AB**.

34

Suponhamos que **AC** < **AB**. Depois existe um ponto D sobre $\overline{AB}$ de tal modo que $\overline{AC} \equiv \overline{AD}$. Δ**ACD** isosceles como $\overline{AC} \equiv \overline{AD}$ e, por conseguinte $\angle$**ACD** $\equiv$ $\angle$**ADC**.

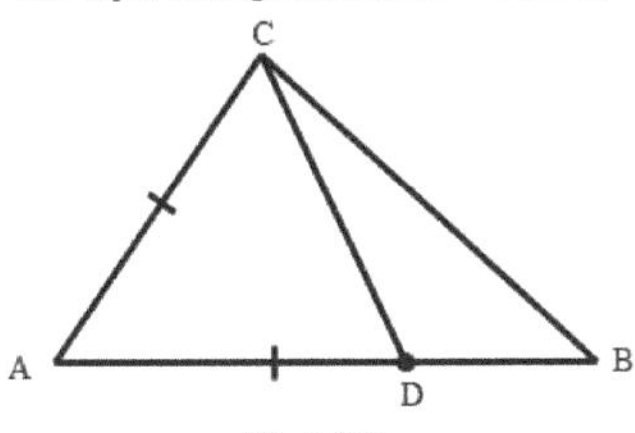

Fig 1.7.5

Mas $\angle$ACD < $\angle$ACB. Além disso, $\angle$ADC é um ângulo exterior de ΔCDB e, por conseguinte $\angle$ABC < $\angle$ADC (pelo teorema 1.9.1). Assim, a partir de $\angle$ADC $\equiv$ $\angle$ACD, $\angle$ACD < $\angle$ACB e $\angle$ABC < $\angle$ADC daí decorre que $\angle$ABC < $\angle$ACD < $\angle$ACB. Por conseguinte, $\angle$ABC < $\angle$ACB.

Analogamente, pode ser demonstrado que, se AB < AC então $\angle$ACB < $\angle$ABC. Assim, provámos que um ângulo oposto ao lado mais pequeno é o mais pequeno.

Teorema 1.7.3: Se dois ângulos de um triângulo não são congruentes, então os seus lados opostos não são congruentes e o lado inferior é o oposto ao ângulo inferior.

Comprovação: Dado em Δ**ABC** temos de mostrar que $\angle$**ABC** < $\angle$**BCA** $\Rightarrow$ $\overline{AC}$ < $\overline{AB}$. Suponhamos que $\angle$**ABC** < $\angle$**BCA** então:

1. Se $\overline{AC} \equiv \overline{AB}$ então, pelo teorema do triângulo isósceles, seguir-se-ia que $\angle$ABC $\equiv$ $\angle$BCA o que é contrário à hipótese.

2. Se $\overline{AC} > \overline{AB}$ então, pelo teorema 1.7.2, seguiria-se que $\angle$ABC > $\angle$BCA o que ainda é contrário a esta hipótese.

Assim, a única possibilidade que resta é $\overline{AC}$ < $\overline{AB}$ que devia ser provado.

Teorema 1.7.4: O segmento mais curto que une um ponto a uma linha que não contém o ponto é o segmento que é perpendicular à linha.

Comprovação: Sejamos um ponto sobre l de tal modo que **S-Q-R**. Depois $\angle$**PQS** é um ângulo exterior de Δ**PQR**. Por conseguinte, $\angle$**PQS** > $\angle$**PRQ**. Desde $\overline{PQ} \perp$ l sabemos que $\angle$**PQS** $\equiv$ **PQR**. Pelo teorema 1.7.3, conclui-se que $\overline{PR} > \overline{PQ}$.

Daí, a prova.

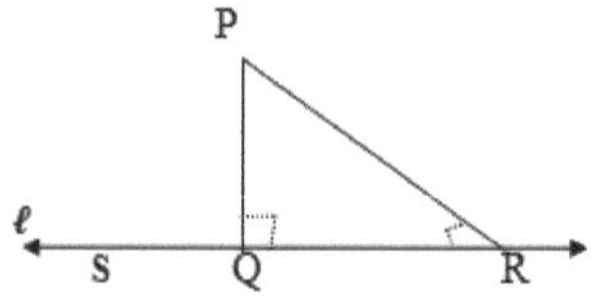

Fig 1.7.6

Definição 1.7.5: A distância de uma linha de um ponto que não se encontra na linha é o comprimento do segmento de linha perpendicular do ponto até à linha. Por exemplo, na figura 1.7.6, **PQ** é a distância entre P e l.

Exercício 1.7.6:

1. Provar que um ponto está equidistante dos lados de um ângulo se e só se estiver sobre o bissector do ângulo.

2. Um ponto equidistante dos pontos finais de um segmento de linha situa-se nos bissectores perpendiculares do segmento de linha.

Teorema 1.7.7 (Desigualdade triangular):

A soma dos comprimentos de quaisquer dois lados de um triângulo é maior do que o comprimento do terceiro lado.

Comprovação: Que o ABC seja um triângulo. Temos de mostrar que $BA+AC > BC$, $BA+BC > AC$ e $BC+AC > BA$. Nós mostramos apenas $BA+AC > BC$. Os outros podem ser mostrados de forma semelhante. Ver Figura 1.7.7. Ampliar $\overline{BA}$ a alguns pinta X em $\overrightarrow{AB}$ de tal modo que **B-A-X** e $\overline{AX} \equiv \overline{AC}$. Isto é possível graças à Axiom da construção de segmentos. Juntar C e X.

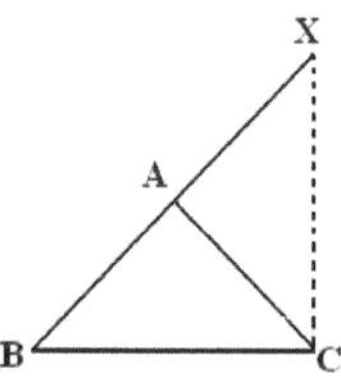

Desde $\overline{AX} \equiv \overline{AC}$ daí decorre que $\angle AXC \equiv \angle XCA$ (Justificar) e $\angle XCA < \angle XCB$. Assim, $\angle AXC < \angle XCB$ (i.e. $\angle BXC < \angle XCB$). Agora em $\triangle BCX$ temos $BC < BX$. Mas $BX = BA + AX$ (dado que B, A, X são colineares e B - A - X).$BX = BA + AC$ como $\overline{AC} \equiv \overline{AX}$. Por conseguinte, $BC < BA + AC$.

Exemplo 1.7.8

1.A figura 1.7.8 mostra um triângulo com ângulos de diferentes medidas. Enumere os lados deste triângulo por ordem dos ângulos mínimo a máximo. 50^0

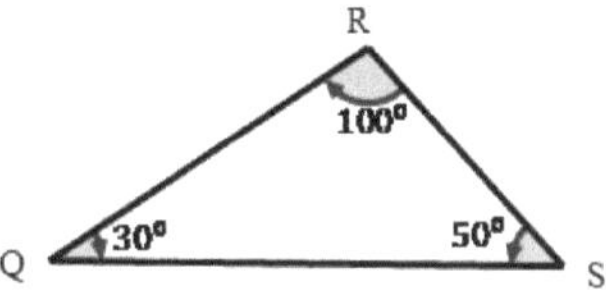

Fig 1.7.8

Solução

Porque $30° < 50° < 100°$, então RS< QR< QS.

3. A figura 1.7.9 mostra um triângulo com lados de diferentes medidas. Enumere os ângulos deste triângulo por ordem dos mínimos para os máximos.

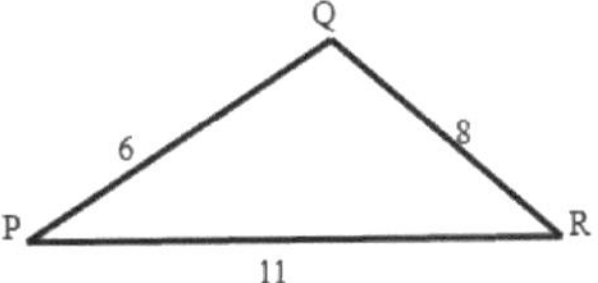

Fig 1.7.9

Solução: Porque $6 < 8 < 11$, então m $(\angle N)$< m $(\angle M)$< m $(\angle P)$.

4. A figura 1.7.10 mostra as medidas de dois lados de um triângulo são 7 e 12. Encontrar o leque de possibilidades para o terceiro lado.

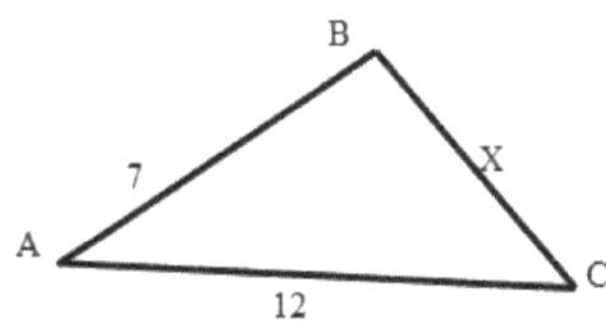

Fig 1.7.10

37

Solução:

Utilizando o Teorema da Desigualdade Triangular, pode escrever o seguinte:

$$7 + x > 12, \text{ portanto } x > 5$$

$$7 + 12 > x, \text{ portanto } 19 > x \text{ (ou } x < 19)$$

Por conseguinte, o terceiro lado deve ter um valor entre 5 e 19.

5. A figura 1.7.11 mostra à direita $\triangle ABC$. Qual dos lados deve ser o mais comprido?

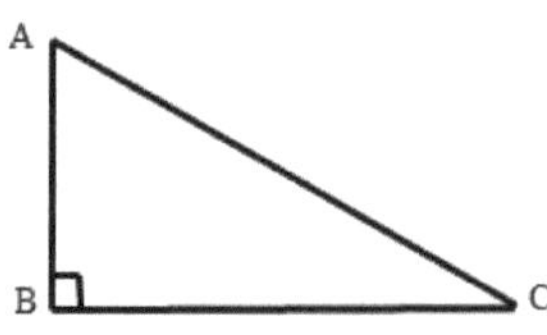

Fig 1.7.11

Solução:

Cada um dos $m\angle A$ e $m\angle B$ é inferior a $90°$. Assim, $\angle B$ é o ângulo de maior medida no triângulo, pelo que o seu lado oposto é o mais longo. Portanto, a hipotenusa, AC, é o lado mais comprido de um triângulo direito.

Exercício 1.7.9

1. 1. Provar que a diferença de comprimento dos dois lados de um triângulo é inferior à do terceiro lado.

2. Quantos triângulos, não dois deles são congruentes, podemos ter de tal forma que o comprimento de dois lados para cada um deles seja 4 e 7, e o terceiro lado seja um número inteiro?

3. Se P for um ponto interior de $\triangle ABC$. Provar que $AC + BC > AP + BP$.

4. Provar: de dois segmentos de comprimento desigual de um ponto a uma linha, quanto maior for o corte do segmento de maior comprimento a partir do pé da perpendicular.

5. Provar: Se dois lados de um triângulo são congruentes com dois lados de outro triângulo mas as medidas dos ângulos incluídos são desiguais, então os comprimentos dos terceiros lados são desiguais na mesma ordem.

7. Provar: Se a altitude de um triângulo não bissectar o ângulo a partir do qual é retirado, então os lados que formam este ângulo não são congruentes.

8. Que D seja o ponto médio do lado BC de $\triangle ABC$. Se $AB > AC$ provar que $\angle BAD < \angle DAC$.

9. D é o ponto médio do lado *BC* de ΔABC. Provar que $AD < \frac{1}{2}(AB + AC)$.

1.9.Condições Suficientes para o Paralelismo

Definição 1.8.1: Duas linhas são paralelas se estiverem no mesmo plano, mas não se intersectam. Utilizaremos a abreviatura$l_1 \parallel l_2$ para significar que as linhas l_1e$l_2$são paralelas.

Teorema 1.8.2: Se duas linhas se encontram no mesmo plano, são perpendiculares à mesma linha, então são paralelas.

Restatement: Letl_1, l_2e **h** ser três linhas deitado num plano πde tal modo que $l_1 \perp$ **h** e$l_2 \perp$ **h**. Depois $l_1 \parallel l_2$.

Comprovação: Suponhamos quel_1, l_2 intersect **h** nos pontos Q e P, respectivamente. Suponha-se que l_1e l_2 não são paralelas, e que R seja o ponto de intersecção entre elas. Depois há duas perpendiculares a **h** através de R; e isto é uma contradição para o teorema 1.6.10. Daí, a prova.

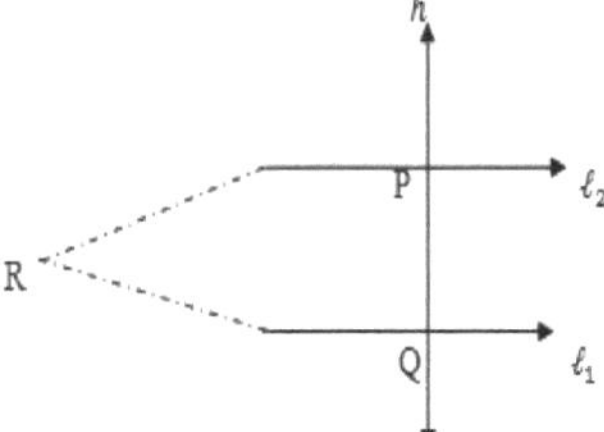

Fig 1.8.1

Actividade 1.8.3

A partir da figura 1.8.2, o nome do par de nomes:

    a. ângulos interiores alternados

    b. ângulos correspondentes

    c. ângulos verticalmente opostos

    d. Ângulos adjacentes

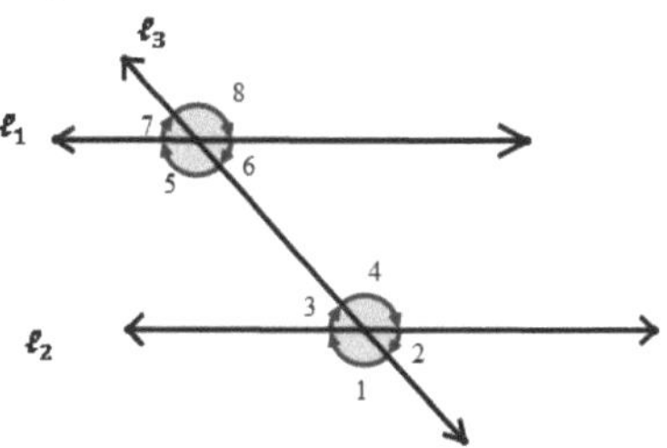

Fig 1.8.2

Theorem1.8.4 (Teorema do paralelismo em geometria absoluta):

Se duas linhas no mesmo plano forem cortadas por uma transversal de modo a que os ângulos interiores alternados sejam congruentes, então as linhas são paralelas.

Comprovação: Dadas as linhasl_1, l_2e uma h reuniãol_1, l_2 nos pontos A e B, respectivamente. Que$\angle 1 \equiv \angle 2$. Então precisamos de sapatos que$l_1 \parallel l_2$.

Suponha-se que $l_1$não é paralelo al_2. Assim, se a dada altura se encontrarem, digamos R., então teremos $\triangle ABR$ em que $\angle 1$ (ou $\angle 2$), dependendo da posição de R, será um ângulo interior de $\triangle ABR$ e o outro será um ângulo exterior remoto.

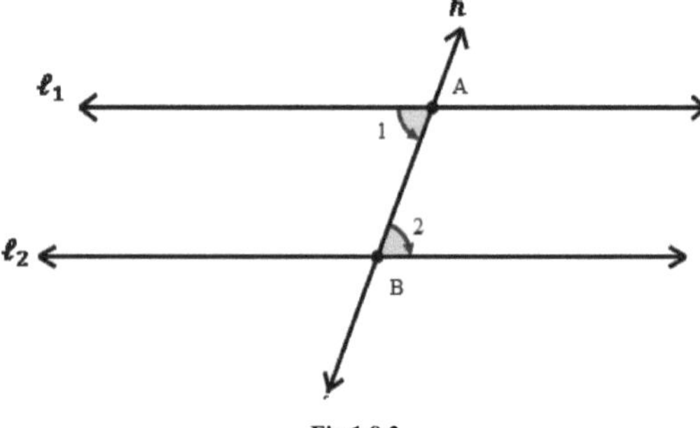

Fig 1.8.3

Pelo teorema do ângulo exterior, o ângulo exterior é maior do que o ângulo interior. Por isso, o ângulo exterior é superior ao ângulo interior,$\angle 1 < \angle 2$Isto é uma contradição ao que é dado. Por conseguinte, a nossa suposição é falsa e$l_1 \parallel l_2$.

Exercício 1.8.5Prove o seguinte

1. Tendo em conta duas linhas e uma transversal. Se um par de ângulos correspondentes for congruente, então os ângulos interiores alternativos são congruentes.

2. Tendo em conta duas linhas e uma transversal. Se um par de ângulos correspondentes for congruente, então as linhas são paralelas.

1.10. Quadriláteros Saccheri

Esta secção introduz alguns dos resultados que podem ser obtidos para os quadriláteros na Geometria Neutra. Comecemos a secção recordando a definição de quadriláteros, algumas terminologias e teoremas relacionados.

Definição 1.9.1 Que A, B, C, D sejam pontos, não sendo três deles colineares, de forma a que dois dos segmentos sejam quaisquer$\overline{AB}$, $\overline{BC}$,$\overline{CD}$ e $\overline{DA}$ ou não têm qualquer ponto em comum ou têm apenas um desfecho em comum. Em seguida, os pontos A, B, C, D determinam um quadrilátero, denotado pela ABCD.

- ✓ Na ABCD:
  - Os pontos A, B, C, D são chamados os vértices do quadrilátero.
  - Os segmentos$\overline{AB}$, $\overline{BC}$,$\overline{CD}$ e $\overline{DA}$ são chamados os lados do quadrilátero.
  - As diagonais são segmentos que se unem a vértices opostos.$\overline{AC}$e $\overline{BD}$ são diagonais
  - Se dois lados têm um ponto final comum, são chamados de lados adjacentes, caso contrário são lados opostos (por exemplo, $\overline{AB}$e $\overline{BC}$ são lados adjacentes).
  - Dois ângulos são adjacentes se a sua intersecção contiver um lado e dois ângulos que não são adjacentes são chamados de opostos.
- ✓ O ABCD é convexo se cada vértice estiver contido no interior do ângulo formado pelos outros três vértices (na sua ordem cíclica em torno do quadrilátero).
- ✓ Dois quadriláteros são congruentes se os quatro lados correspondentes e todos os quatro ângulos correspondentes forem congruentes.
- ✓ Nos números seguintes (Figura 1.9.1):
  - O ABCD é um quadrilátero convexo com diagonais $\overline{AC}$ e$\overline{BD}$. ☐

- O DEFG é um quadrilátero não convexo com diagonais $\overline{EG}$ e $\overline{DF}$. $\square$
- A terceira figura não é um quadrilátero.

Dica: Pense no seguinte:

- No DEFG, o que acontecerá se você segurar o vértice G e arrastar a madrugada até que ele passe $\overline{DF}$.
- Na terceira figura, o que acontecerá se se segurar o vértice H e se arrastar para a direita até passar o vértice I?

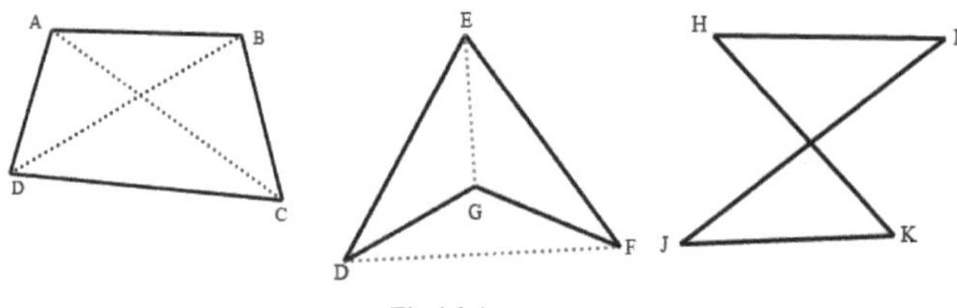

Fig 1.9.1

Definição 1.9.2: Deixe o □ABCD ser convexo. A sua soma angular é então dada pela soma das medidas dos seus ângulos interiores: $\sigma($□ABCD$) = $ **m∠A + m∠B + m∠C + m∠D**

Teorema 1.9.3 (Aditivamente de Angle Sum) Deixar o □ABCD ser um quadrilátero convexo com diagonal $\overline{BD}$. Então $\sigma($□ABCD$) = \sigma(\Delta \mathbf{ABD}) + \sigma(\Delta \mathbf{BDC})$.

Ou seja, a soma angular de um quadrilátero é igual à soma das somas angulares dos triângulos definidos por uma das diagonais.

Comprovação: Aplique o postulado de adição angular em cada um dos ângulos que estão divididos por uma diagonal para obter:

$$\sigma(□ABCD) = m\angle A + m\angle B + m\angle C + m\angle D$$
$$= m\angle A + (m + n) + m\angle C + (r + s)$$
$$= m\angle A + (m + r) + m\angle C + (n + s)$$
$$= \sigma(\Delta ABC) + \sigma(\Delta BDC)$$

42

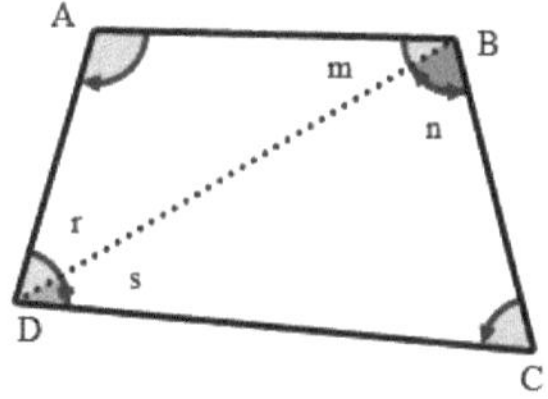

Fig 1.9.2

Actividade 1.9.4: definir o seguinte tipo de quadriláteros

1. Trapézio
2. 2. Rhombus
3. 3. Paralelogramo
4. 4. Rectângulo
5. 5. Praça

Definição 1.9.5: O   ABCD é designado por paralelogramo se $\overline{AB}||\overline{DC}$ e $\overline{AD}||\overline{BC}$.

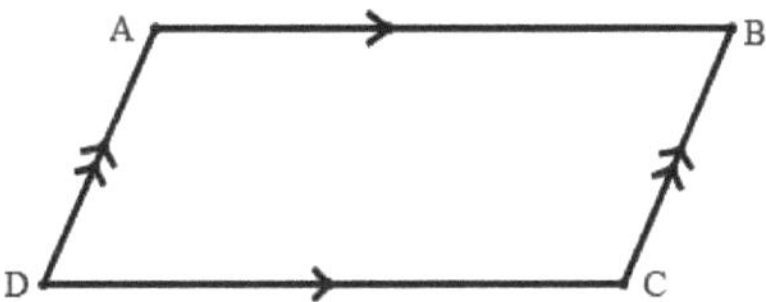

Fig 1.9.3: O ABCD é um paralelogramo

Teorema 1.9.6: Cada paralelogramo é convexo.

Comprovação: Tendo em conta a   ABCD de tal forma que se $\overline{AB}||\overline{DC}$ e$\overline{AD}||\overline{BC}$Temos de mostrar que a   ABCD é convexa.

Desde$\overline{AB}$ ∥ $\overline{DC}$daí decorre que$\overrightarrow{AB}$ ∩ $\overleftrightarrow{DC}$ = ϕ (definição de paralelo). Por conseguinte, A e D situam-se do mesmo lado de $\overleftrightarrow{BC}$ (Postulado de Separação de Aviões). Da mesma forma, o facto de que $\overline{AD} \parallel \overline{BC}$ pode ser utilizado para provar que A e B se encontram do mesmo lado de $\overleftrightarrow{DC}$. Assim, A está no interior de ∠BCD.

Analogamente, pode ser demonstrado que B, C e D são interiores de ∠ADC, ∠BAD e ∠ABC respectivamente. Por conseguinte, a ABCD é um quadrilátero convexo (definição de quadrilátero convexo).

Definição 1.9.7: Um quadrilátero Saccheri é um quadrilátero com dois lados opostos congruentes, que são simultaneamente perpendiculares a um terceiro lado.

Ilustração: O ABCD é um Quadrilátero Saccheri se $\mathbf{m∠A = m∠B = 90^0}$ e AD=BC, Segmento $\overline{AB}$ é chamado de base (ou base inferior) e segmento $\overline{DC}$ é chamado de cume (ou base superior).

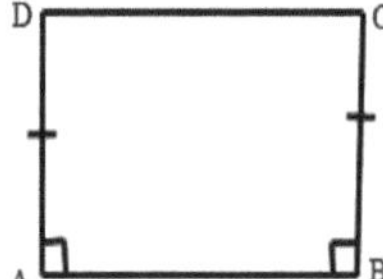

Fig 1.9.4: Saccheri Quadrilátero

Teorema 1.9.8 As diagonais do Quadrilátero Saccheri são congruentes.

Comprovação: Considere triângulosΔ**ABD** eΔ**BAC**.

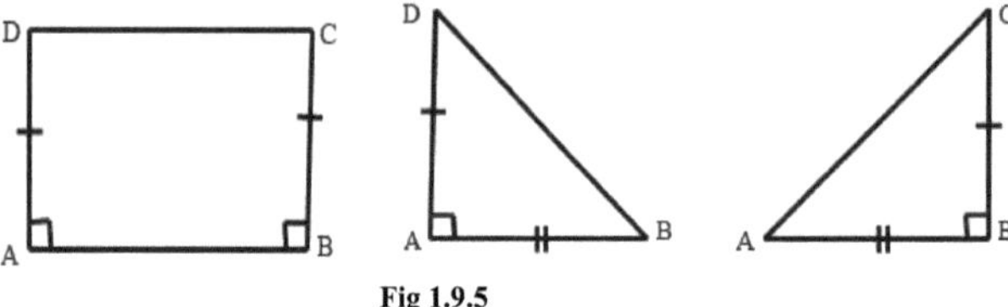

Fig 1.9.5

	Declaração	Justificação
1	$\overline{AB} \equiv \overline{BA}$	lado comum

2	$\angle A \equiv \angle B$	ângulos dado/direito
3	$\overline{AD} \equiv \overline{BC}$	dada/definição do Quadrilátero Saccheri
4	$\Delta ABD \equiv \Delta BAC$	Teorema SAS
	$\overline{BD} \equiv \overline{AC}$	lados correspondentes dos triângulos congruentes

Teorema 1.9.9 Os ângulos de cume de um Quadrilátero Saccheri são congruentes.

Comprovação: Considere triângulosΔ**ADC** eΔ**BCD**.

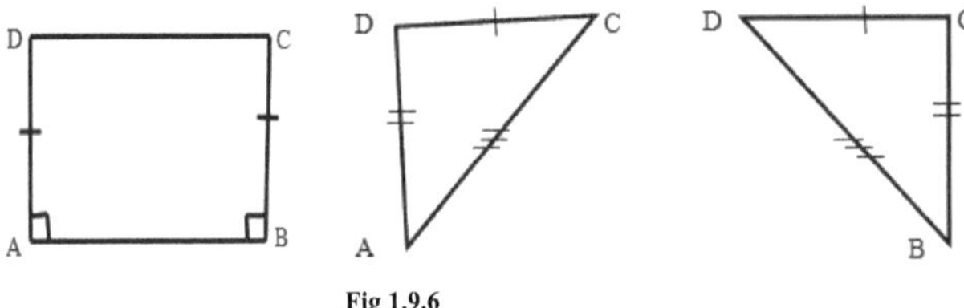

Fig 1.9.6

	Declaração	Justificação
1	$\overline{AD} \equiv \overline{BC}$	Dado/definição do Quadrilátero Saccheri
2	$\overline{DC} \equiv \overline{CD}$	Lado comum
3	$\overline{AC} \equiv \overline{BD}$	Teorema 1.8.8
4	$\Delta ADC \equiv \Delta BCD$	Teorema do SSS
5	$\angle ADC \equiv \angle BCD$	Ângulos correspondentes de triângulos de congruência

Teorema 1.9.10: Que o ABCD seja um quadrilátero Saccheri. Depois o segmento que une os pontos médios da base e do cume é perpendicular à base e ao cume.

Comprovação: Que M seja o bissector de $\overline{AB}$ e N o bissector de$\overline{CD}$. Temos de mostrar que $\overline{NM} \perp \overline{DC}$ e$\overline{NM} \perp \overline{AB}$.

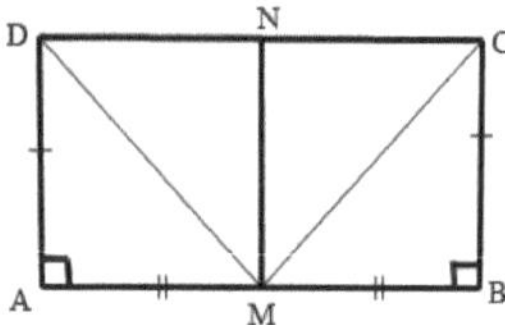

Fig 1.9.7

Uma vez que M é um bissector de $\overline{AB}$ temos o seguinte:

- $\triangle AMD \equiv \triangle BMC$ (Teorema SAS, verifique-o)
- $\overline{MD} \equiv \overline{MC}$ (lados correspondentes dos triângulos congruentes)

Uma vez que N é um bissector de $\overline{CD}$ temos o seguinte:

- $\triangle DMN \equiv \triangle CMN$ (Teorema SSS, verifique-o)
- $\angle DNM \equiv \angle CNM$ (ângulos correspondentes de triângulos congruentes)

$\Rightarrow m\angle DNM\,m\angle CNM = 90^0$ (ângulos suplementares adjacentes).

Proceder com um argumento semelhante leva a $m\angle AMN = m\angle BMN = 90^0$.

Daí, a prova.

Teorema 1.9.11: Se o ABCD é um quadrilátero Saccheri, então é um paralelogramo.

Comprovação: Dê um quadrilátero Saccheri ABCD, deixe que P e Q sejam o ponto médio da base $\overline{AB}$ e cimeira$\overline{DC}$ como indicado na figura 1.9.8. Em seguida, a figura 1.9.8, $\overline{PQ} \perp \overline{AB}$ e $\overline{QP} \perp \overline{DC}$ (teorema 1.8.10). Isto, por sua vez, implica que $\angle DPQ \equiv \angle BQP$. Depois pelo teorema do ângulo interior alternado (ver o teorema 1.7.4) $\overline{CD} \parallel \overline{AB}$.

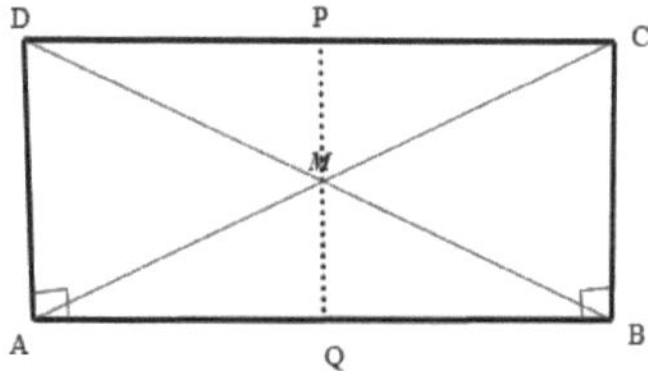

Fig 1.9.8

Desenhe a diagonal $\overline{DB}$ e$\overline{AC}$. Em seguida, utilizar as etapas seguintes para mostrar que $\triangle AMD \equiv \triangle CMB$ que implicam $\angle MDA \equiv \angle MBC$ e, por conseguinte$\overline{AD} \parallel \overline{BC}$.

Daí, ABCD um paralelogramo.

Teorema 1.9.12: Os quadriláteros Saccheri são convexos.

Comprovação: trivial (pense na escrita)

1.11. A Desigualdade Angle-Sum para os Triângulos

Na medida em que estamos em geometria absoluta, ou seja, se assumirmos apenas os quatro primeiros postulados de Euclides, juntamente com os axiomas de incidência, congruência, continuidade e entrecruzamento, em qualquer triângulo, a soma das medidas de grau dos ângulos interiores é inferior ou igual a 180^0.

Nesta secção vamos considerar um teorema sobre esta declaração e vamos também considerar algumas consequências importantes do teorema.

Definição 1.10.1: Let $\triangle ABC$e suponhamos que D é nomeado em *BC de* tal forma que a relação entre os dois se mantenha, então$\angle ACD$é chamado um ângulo exterior do triângulo dado. Os ângulos em A e B de $\triangle ABC$são chamados ângulos interiores opostos ou remotos$\angle ACD$.

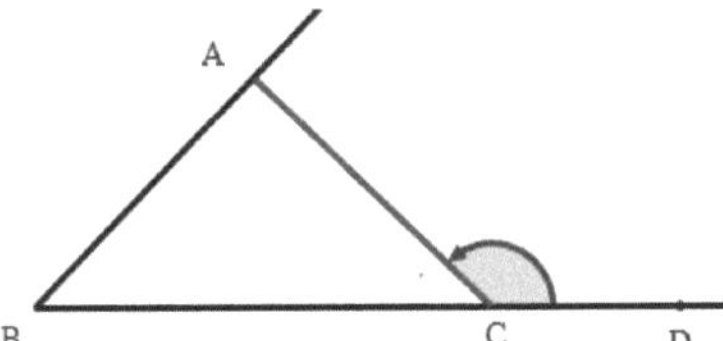

Fig 1.10.1: Ângulo exterior

Note-se que: do mesmo modo, pode-se nomear um ângulo exterior e os ângulos interiores correspondentes nos outros dois vértices do triângulo.

Teorema 1.10.2 (Desigualdade dos ângulos exteriores): A medida de um ângulo exterior de um triângulo é maior do que a medida de um ângulo interior remoto.

Prova: Dado$\triangle ABC$, alargar o lado $\overline{BC}$ a raio $\overrightarrow{BC}$ e escolher um ponto D sobre este raio de modo a que **B-C-D** temos de o demonstrar:

1. $m\angle ACD > m\angle A$ e

2. $m\angle ACD > m\angle B$

Seja M o ponto médio $\overline{AC}$ e estenda a mediana de $\overline{BM}$ modo a que M seja o ponto médio de $\overline{BE}$ como na Fig. 1.10.2.

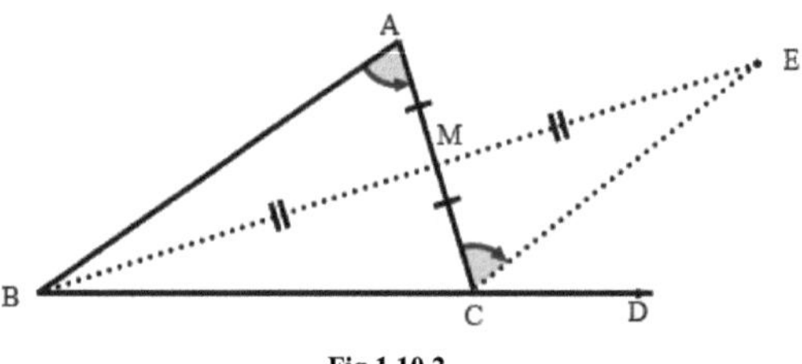

Fig 1.10.2

Depois

- $\Delta AMB \equiv \Delta CME$ por SAS (Justifique?)
- $\angle ACE \equiv \angle CAB$ Ângulos correspondentes de triângulos de congruência

Masm$\angle ACD \equiv$ m$\angle ACE+$ m$\angle ECD$ (Justificar que E se encontra no interior de $\angle ACD$).

Assim, m$\angle ACD \equiv$ m$\angle ACE+$ m$\angle ECD >$ m$\angle ACE=$ m$\angle CAB =$ m$\angle A$.

Por conseguinte,m$\angle ACD >$ m$\angle A$ (*)

Para mostrar a segunda parte, estenda o lado $\overline{AC}$ a raio $\overrightarrow{AG}$ para que A-C-G e que N seja o ponto médio de $\overline{BC}$ e alargar a mediana $\overline{AN}$ de modo a que N seja o ponto médio de $\overline{AF}$ (ver figura 1.10.3).

Depois

- $\Delta ANB \equiv \Delta FNC$ por SAS (Justificar)
- $\angle ABC \equiv \angle FCB$ (Ângulos correspondentes de triângulos congruentes) e
- $\angle BCG =$ m$\angle ACD$(ângulos verticalmente opostos)

Assim, m$\angle ACD =$ m$\angle BCG =$ m$\angle FCB+$ m$\angle FCG$

$=$ m$\angle ABC+$ m$\angle FCAG >$ m$\angle ABC =$ m$\angle B$.

Por conseguinte,m$\angle ACD >$ m$\angle B$ (**)

Assim, de * e ** temos a medida de um ângulo exterior de um triângulo é maior do que a medida de qualquer um dos ângulos interiores remotos.

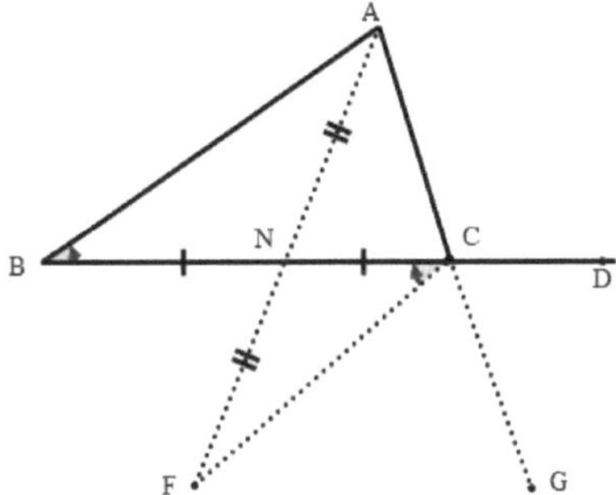

Fig 1.10.3

Corolário 1.10.3 A soma das medidas de quaisquer dois ângulos interiores de um triângulo é inferior a 180^0.

Comprovação: Dado que $\triangle ABC$, precisamos de mostrar que $m\angle BAC + m\angle CBA < 180^0$, $m\angle CBA + m\angle ACB < 180^0$ e $m\angle BAC + m\angle ACB < 180^0$. Let $m\angle BAC = a$, $m\angle CBA = b$ e $m\angle ACB = c$

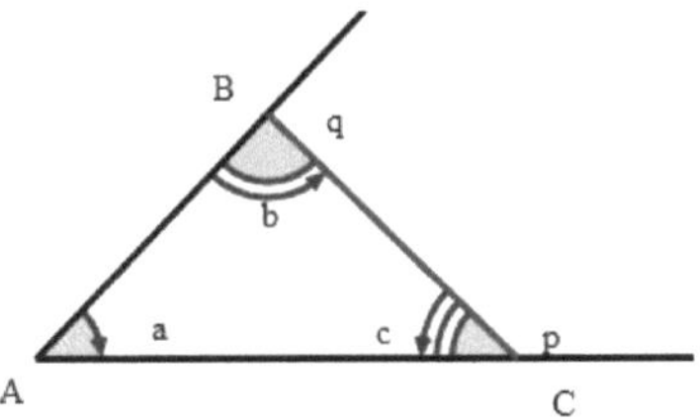

Fig 1.10.4

A partir da figura 1.10.4, no vértice C temos

1. $c + p = 180^0$ (ângulo recto)
2. $p > a$ e $p > b$ (Teorema 1.10.2)

49

$\Rightarrow c + a < 180^0 ec + b < 180^0$

Do mesmo modo, no vértice B, temos

1. $b + q = 180^0$ (ângulo recto)
2. $q > a$ (Teorema 1.10.2)

   $\Rightarrow b + a < 180^0$.

   Daí, a prova.

Theorem1.10.4 (Teorema de Saccheri-Legendre): A soma angular de um triângulo é inferior ou igual a 180.

Comprovação: Dado em Δ**ABC**precisamos de afirmar que **m$\angle$A + m$\angle$B + m$\angle$C $\leq$ 180^0**.

Suponha, pelo contrário, que a soma angular de $\Delta ABC = 180 + P180$, para cerca de $P > 0$. Construir o ponto médio M do lado $\overline{ACe}$, em seguida, alargar $\overline{BM}$ o seu próprio comprimento para o ponto E, de tal forma que B-M-E. Note-se que $\Delta ABM \equiv \Delta CEM$ por SAS (ver o teorema 1.10.2).

Por conseguinte, a soma angular de ΔABC = soma dos ângulos de ΔABM + soma dos ângulos de ΔBMC

$$= \text{soma dos ângulos de } _{\Delta CEM} + \text{soma dos ângulos de} _{\Delta BMC}$$

= soma dos ângulos deΔBEC

Além disso, $m\angle BEC = m\angle ABE$. Por conseguinte, ou $m\angle BEC \leq \frac{1}{2}m\angle ABC$ ou $m\angle EBC \leq \frac{1}{2}m\angle ABC$. Assim, podemos substituir ΔABC comΔBEC com a mesma soma de ângulos que ΔABC e um ângulo cuja medida seja inferior ou igual a$\frac{1}{2}m\angle ABC$.

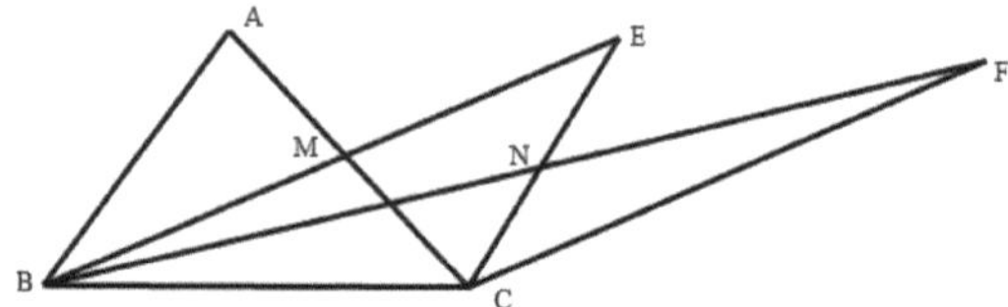

Fig 1.10.5

Repita agora esta construção emΔBEC. Se m$\angle$BEC $\leq \frac{1}{2}$m$\angle$ABCSe construir o ponto médio N de $\overline{CE}$ e alargar $\overline{BN}$ o seu próprio comprimento para o ponto F, de modo a que B-N-F. Depois ΔBEC e ΔBFC têm o mesmo ângulo de soma e m$\angle$BFC $\leq \frac{1}{2}$m$\angle$EBC ou m$\angle$FBC $\leq \frac{1}{2}$m$\angle$EBC. Substituir ΔEBC com ΔFBC com a mesma soma de ângulos que ΔABC e um ângulo cuja medida é $\leq \frac{1}{2}$m$\angle$ABC.

Por outro lado, se m$\angle$BEC, fazer a mesma construção com Nas a meio do $\overline{BC}$ e substituir ΔEBC com ΔFEC. Continuar este processo indefinidamente; a propriedade arquimédica dos números reais garante que para um n suficientemente grande, o triângulo obtido após a n-ésima iteração tem a mesma soma angular que ΔABC. e um ângulo cuja medida é$\leq \frac{1}{2^n}$m$\angle$ABC $<$ po dos seus outros dois ângulos é superior a 1800, o que contradiz o Corollary 1.10.3.

Daí, a prova.

Definição 1.10.5: O defeito de Δ**ABC** é a quantidadeδ(Δ**ABC**) = **180**^{0}**-m$\angle$A-m$\angle$B-m$\angle$C.**
Corolário1.10.6 Cada triângulo tem um defeito não negativo.

Comprovação: Se δ(Δ**ABC**) = **180**^{0}**-m$\angle$A-m$\angle$B-m$\angle$C** $<$ **0**então a soma dos ângulos de(Δ**ABC** $>$ **180**^{0} Teorema em contradição com o teorema 1.10.4.

Daí, a prova.

Teorema 1.10.7(Aditividade do defeito): Dado qualquer triângulo **ABC**e qualquer ponto D entre A e B, $\delta(\Delta$**ABC**$) = \delta(\Delta$**ACD**$) + \delta(\Delta$**BCD**$)$

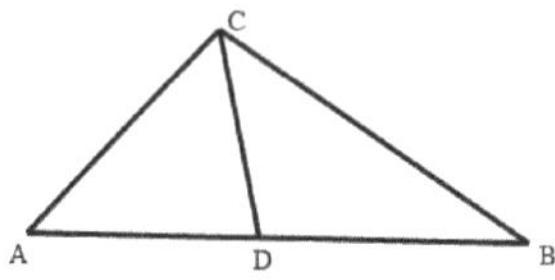

Figura 1.10.6

Comprovação: Uma vez que $\angle ADC$ and $\angle BDC$ são complementares, então **m$\angle$CDA + m$\angle$CDB = 180**^{0}**e** $\overrightarrow{DC}$ encontra-se no interior de $\angle$**ACB** então $\angle$**ACB = m$\angle$ACD + m$\angle$BCD.**

Por conseguinte, δ(ΔACD) + δ(ΔDCB)

$$= 180^0 - m\angle ACD - m\angle CDA - m\angle DAC + 180^0 - m\angle BDC - m\angle CDB$$
$$- m\angle DBC$$
$$= 360^0\text{-}(m\angle CDA + m\angle CDB)\text{-}m\angle DAC\text{-}(m\angle ACD + m\angle BCD)\text{-}m\angle DBC$$
$$= 180^0 - m\angle ABC - m\angle BAC - m\angle CDA$$

= δ(ABC).

Corolário1.10.8: Dado qualquer triânguloΔ**ABC** e qualquer pontoD entre A e B, a soma dos ângulos de Δ**ABC** = **180⁰** se e só se as somas angulares deΔ**ACD** e Δ**DCB** ambos iguais a 1800.

Comprovação: Dado em Δ**ABC** como indicado na figura 1.10.7

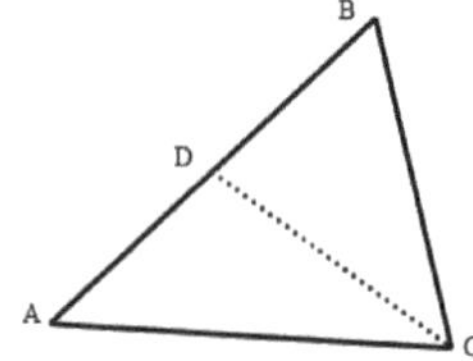

Fig 1.10.7

Suponhamos que ΔABC = 180^0 então ,δ(ΔABC) = 0 e pelo teorema 1.10.7 e corolário 1.10.6

δ(ACD) = δ(DCB)0^0. Por conseguinte, ambos os ângulos somam 1800.

Se as somas angulares de ambosΔACD e ΔDCBigual a 1800 então δ(ACD) = δ(DCB) = 0^0.

Pelo teorema 1.10.7,δ(ABC) = 0^0. Assim, a soma dos ângulos de ΔABC = 180^0.

Definição 1.10.9: O defeito de um quadrilátero convexo ABCD é uma quantidade

δ (ABCD) = 360 -σ(☐ABCD)

Teorema 1.10.10 (A aditividade do defeito para quadriláteros convexos): Se ABCD é quadrilátero convexo então δ (ABCD) = δ(Δ**ABC**) + δ(Δ**BDC**)

Comprovação: Aplicar o teorema 1.9.3

Corolário 1.10.11: Se o ABCD for convexo, então σ ABCD) 360.≤

Comprovação: Pelo teorema 1.9.3 σ (ABCD) = σ(Δ**ABC**) + σ(Δ**BDC**)

σ(ΔABC) ≤ 180^0 e σ(ΔBDC) ≤ 180^0 (teorema1.10.4)

Assim, σ(⬜ABCD) = σ(ΔABC) + σ(ΔBDC) ≤ 180^0 + 180^0 = 360^0

Teorema 1.10.12: Os ângulos de cume de um quadrilátero Saccheri ou são ângulos rectos ou agudos.

Comprovação: Um quadrilátero Saccheri é convexo (teorema 1.9.12). Depois σ(⬜ABCD)≤ 360(Corolário 1.10.11). Mas da definição de um quadrilátero Saccheri, temos a medida dos ângulos de base $\mathbf{90^0}$ ou seja ∠**A** = ∠**B** = $\mathbf{90^0}$. Assim, ∠**C** = ∠**D** ≤ $\mathbf{180^0}$.

Pelo teorema 1.9.9, os ângulos de cume são congruentes, pelo que∠C ≡ ∠D.

Daí m∠C ≤ 90^0 em∠D ≤ 90^0.

Exercício 1.10.13

1. Que $\triangle ABC$ seja um triângulo e que os pontos D e E sejam tais que A-D-B e A-E-C (ver

   Figura 1.10.8), provar então que   o BCED   é convexo

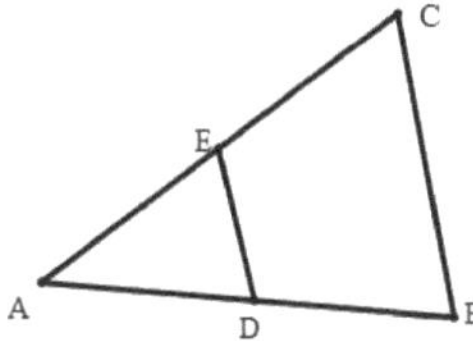

Fig 1.10.8

2. Provar que, num quadrilátero Saccheri, a base superior é congruente ou mais comprida que a base inferior.

3. Provar que um quadrilátero Saccheri é um rectângulo se e só se o seu defeito for 0.

4. No quadrilátero convexo PQRS,

   a + b = 90^0 e c + d = 150^0 mostrar então que m∠P ≤ 70^0

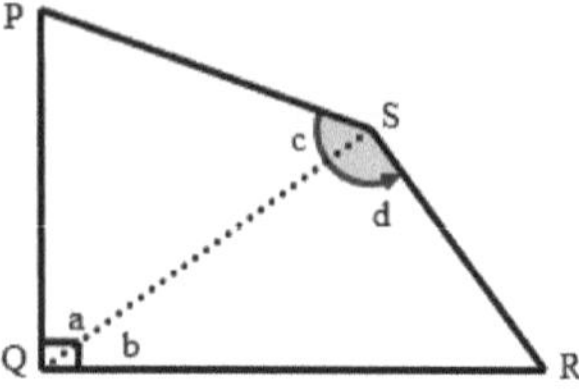

Fig 1.10.9

1.12. A Função Crítica

Esta secção utiliza exaustivamente os teoremas da incidência e da separação. Começamos por enunciar um teorema sem prova:

Teorema 1.11.1 (The Crossbar Theorem): Se D estiver no interior de então $\angle BAC$, $\overrightarrow{AD}$ intersects $\overline{BC}$ num ponto situado entre B e C.

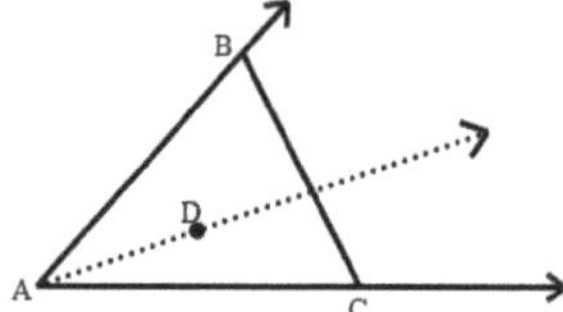

Fig 1.11.1

Dada uma linha l e um ponto P não sobre l. Que A seja o pé da perpendicular de P a l e B ser qualquer outro ponto de l (figura 1.11.2). Para cada número r entre 0 e 180, existe exactamente um raio $\overrightarrow{PD}$ com D no mesmo lado de $\overrightarrow{AP}$ como B , de modo a quem$\angle$APD = r.

54

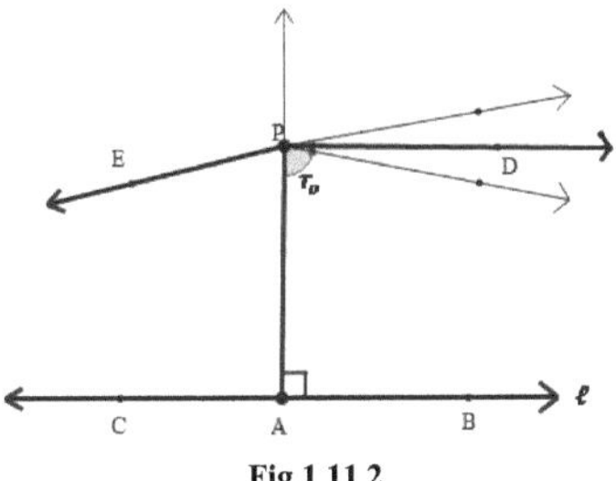

Fig 1.11.2

É evidente que, para alguns desses números r = m∠APD < 90, $\overrightarrow{PD}$ cruzar-se-á $\overline{AB}$ ou seja $\overrightarrow{PD} \cap 1 \neq \phi$ e para r = m∠APD ≥ 90, $\overrightarrow{PD}$ não se intersectará $\overline{AB}$ ou seja $\overrightarrow{PD} \cap 1 = \phi$.

Que $K(P,1) = \{r\epsilon R / r = m\angle APD$ onde $\overrightarrow{PD} \cap 1 \neq \phi\}$. Depois

- $K(P,1) \neq \phi$ (Justificar?)
- $K(P,1)$ é limitado (Justificar?).

Por conseguinte, $K(P,1)$ tem um supremum ou, pelo menos, um limite superior denotado por sup $K(P,1)$ ou lubrificante $K(P,1)$.

Que $r_0 = \text{Sup } K(P,1)$ em que o número r_0 é o **número crítico** para P e l e o ângulo $\angle APD = r_0$ é o **ângulo de paralelismo** de l e P.

Exemplo: No plano habitual (Avião Euclidiano), $K(P,1) = 90$ para todas as linhas l e pontos P não em l.

Teorema 1.11.3: Que P, A, B, D e r_0 ser como acima definido.

Se m∠APD ≥ r_0 então $\overrightarrow{PD} \cap 1 = \phi$ e se não $\overrightarrow{PD} \cap 1 \neq \phi$.

Comprovação: Suponhamos que **m∠APD = r_0** e $\overrightarrow{PD}$ intersects $\overrightarrow{AB}$ a dada altura, (digamos Q).

55

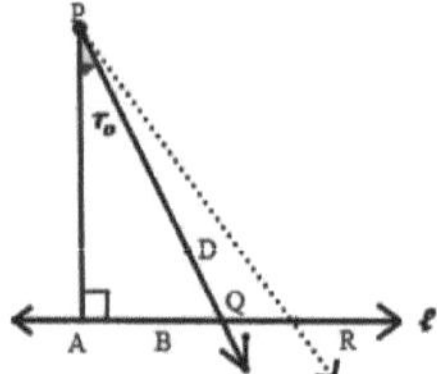

Fig 1.11.3

Se R é qualquer ponto tal que A-Q-Rentão m∠APD > $r_0$de modo a que r_0 não seja um limite superior de $K(P, 1)$ o que contradiz a hipótese. Por conseguinte, se m∠APD = $r_0$então$\overrightarrow{PD} \cap 1 = \phi$.

A restante parte da prova deixada como um exercício.

Teorema 1.11.4: Let IP, A, B e também P', A', B' ser como na definição do número crítico. Se **AP = A'P''**.Os números críticos r_0, r'_0 são os mesmos.

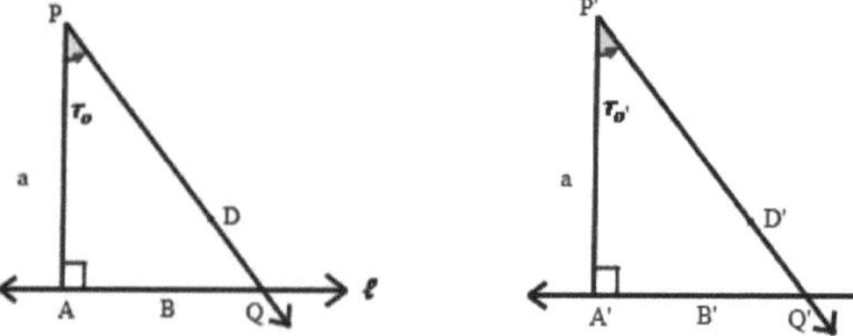

Fig 1.11.4

Comprovação: Let **K** = {**r**/$\overrightarrow{PD}$ **intersect** $\overleftrightarrow{AB}$} e deixar**K'** = {**r**/$\overrightarrow{PD}$ **intersect** $\overleftrightarrow{A'B''}$.}.

Se r ∈ $K(P, 1)$ e Q ser o ponto de intersecção de $\overrightarrow{PD}$ e $\overrightarrow{AB}$ e Q' ser o ponto de $\overrightarrow{A'B''}$.de tal modo que$A'Q' = AQ$ então m∠$A'P'D'$ = r (Teorema do RHS).

$\Rightarrow$ r ∈ K"(P, 1).

$\Rightarrow K(P, 1) \subseteq K'(P, 1)$. Do mesmo modo, é possível demonstrar que $K''(P, 1) \subseteq K(P, 1)$ então$K'(P, 1) = K(P, 1)$ e Sup$K'(P, 1)$ = Sup $K(P, 1)$.

56

Considere agora uma cartografia de AP parar_o. Chamamos-lhe a **função crítica.** Assim, para cada t > 0, μ(t)denota o número crítico correspondente a AP = t. Assim,$\overrightarrow{PD}$intersect$\overrightarrow{AB}$ quando m∠APD < μ(t) mas $\overrightarrow{PD}$ não se cruza$\overrightarrow{AB}$. quandom∠APD > μ(t).

Definição1.11.5: A função μ: $(0, \infty) \to (0, 90]$ definido porμ(t) = $r_o$em que$t = d(P, l)$ é chamada de função crítica.

Teorema1.11.6:μ(s) ≤ μ(t) sempre que s > t.

Comprovação: deixarl ser uma linha, **A** ∈ le P e Q dois pontos tais que **Q-P-A,** $\overleftrightarrow{GQ}$ ⊥ l, **QA =** se **PA = t**. Que C e D sejam pontos do mesmo lado de $\overleftrightarrow{PA}$ com **m∠APC = μ(t)** e **m∠AQD = μ(s)**. Depois $\overleftrightarrow{PC}$ é paralela a l e $\overleftrightarrow{PC}$ é paralela a $\overleftrightarrow{QD}$com um par de ângulos correspondentes congruentes e, portanto, ângulos interiores alternados congruentes. Uma vez que Q e D estão em lados opostos de $\overleftrightarrow{PC}$ para que $\overleftrightarrow{QD}$ ∩ l = ∅. Então,**μ(s) ≤ m∠AQD = μ(t)**.

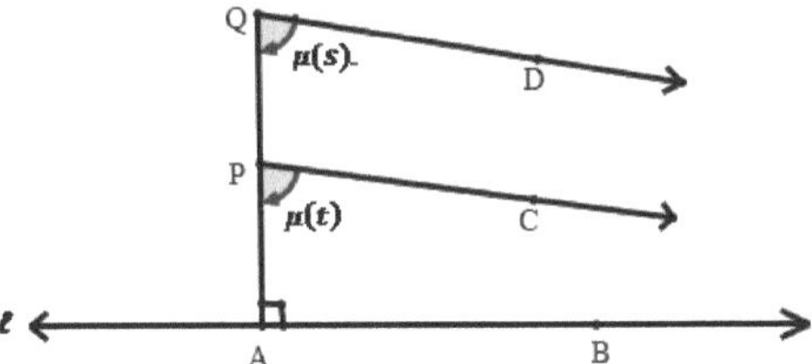

Fig 1.11.5

Teorema1.11.8: Se para alguns t ∈ $(0, \infty)$,μ(t) < 90 então $\mu\left(\frac{t}{2}\right)$ < 90

Comprovação: deixar l ser uma linha, **D** ∈ lP um ponto com $\overleftrightarrow{PD}$ ⊥ l e **PD = t** e Q o ponto médio de $\overline{PD}$. Que C seja um ponto com **m∠APC = μ(t)** e deixar **m**ser a linha única através de Q perpendicular a$\overleftrightarrow{PD}$Se $\overrightarrow{PC}$ ∩ m = ∅então $\mu\left(\frac{t}{2}\right)$ = r_0 ≤ m∠QPC = μ(t) < **90**.

Por isso, suponhamos que$\overrightarrow{PC}$ ∩ m = {R}. Que B seja um ponto com P-R-B. Depois B ∈ int∠AQRpor isso m∠AQB < m∠AQR = 90. Desde$\overrightarrow{PA}$ ∩ l = ϕP e B estão do mesmo lado de

l. Desde P-Q-AP e Q estão do mesmo lado de l. Por conseguinte, B e Q estão do mesmo lado de l. Assim,$\overline{QB} \cap l = \emptyset$. Se E for um ponto com Q-B-E então Q e E estão em lados opostos de $\overleftrightarrow{PC}$. Desde P-Q-AQ e A estão em lados opostos de $\overleftrightarrow{PC}$. Daí que E e A are se encontrem do lado oposto de $\overleftrightarrow{PC}$. Assim, $\overline{BE} \cap l = \emptyset$ e assim $\overline{QB} \cap l = \emptyset$. Assim, $\mu\left(\frac{t}{2}\right) = r_o \leq m\angle AQB < 90$.

Teorema 1.11.9: se $\mu(t) < 90$ para alguns $t \in (0, \infty)$ então $\mu(t) < 90$ para todos $t > 0$.

Comprovação: let $t \in (0, \infty)$. Se $t \geq a$ então $\mu(t) \leq \mu(a) < 90$.

Se $t < a$, let nser um número inteiro para o qual $\frac{a}{2^n} < t$. Depois $\mu(t) \leq \mu\left(\frac{a}{2^n}\right) < 90$.

Teorema 1.11.10 (Teorema Tudo ou Nada): Se existir uma linha l e um ponto P não sobre lpara a qual existe uma linha única através de P paralelo a lA propriedade paralela euclidiana é então a propriedade paralela euclidiana.

Restatement: Se as paralelas são únicas para uma linha e um ponto externo, então as paralelas são únicas para todas as linhas e todos os pontos externos.

Definição1.11.11:

1. Dizemos que uma geometria neutra satisfaz a Propriedade Paralela Hiperbólica se para cada linha l e ponto $P \in$ lexistem duas ou mais linhas através de P paralelas a l.
2. Chamamos uma geometria neutra que satisfaz a propriedade paralela euclidiana e uma geometria euclidiana.
3. Chamamos uma geometria neutra que satisfaz a Propriedade Paralela Hiperbólica de uma geometria hiperbólica.

Nota: Uma dada geometria neutra deve ser uma geometria euclidiana ou uma geometria hiperbólica.

1.13. Triângulos Abertos e Raios Criticamente Paralelos

Nesta secção vamos considerar duas novas terminologias e teoremas que seguem as terminologias.

Definição 1.12.1:

1. Considerar os raios $\overrightarrow{AB}$, $\overrightarrow{PD}$ e segmento $\overline{AP}$ que são não lineares, como mostra a figura 1.12.1, de modo a $\overrightarrow{AB} \parallel \overrightarrow{PD}$. Depois $\overrightarrow{PD} \cup \overline{PA} \cup \overrightarrow{AB}$ é chamado um **triângulo aberto,** e é denotado por $\Delta DPAB$.

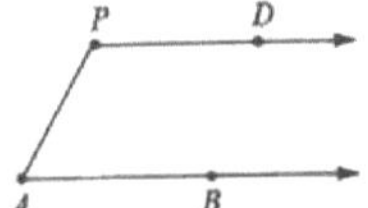

Fig 1.12.1

2. Para um triângulo aberto ΔDPABSe todos os raios interiores de intersecções $\angle APD$ $\overrightarrow{AB}$
    dizemos que $\overrightarrow{PD}$ é **criticamente paralela** a$\overrightarrow{AB}$ e nós escrevemos$\overrightarrow{PD}|\overrightarrow{AB}$ (atenção ao traço
    vertical único).

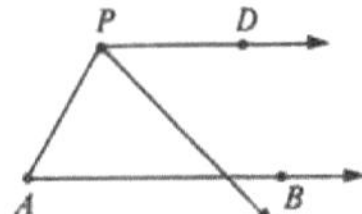

Fig 1.12.2

Teorema 1.12.2: Se $\overrightarrow{PD}|\overrightarrow{AB}$ e C-P-D então$\overrightarrow{CD}|\overrightarrow{AB}$.

Comprovação: Let $\overrightarrow{CE}$ ser um raio interior de $\angle ACD$ e suponha que$\overrightarrow{CE}$ não se cruza$\overrightarrow{AB}$.
ConsidereΔACP, $\angle APD > \angle ACD$ (teorema do ângulo exterior). Assim, existe um raio interior
$\overrightarrow{PF}$ de $\angle APD$ de tal modo que$\angle DPF \equiv \angle DCE$ (Justificar?). Isto implica que$\overrightarrow{PF}||\overrightarrow{CE}$. Desde $\overrightarrow{PF}$
e $\overrightarrow{AB}$ se encontram em lados opostos de $\overrightarrow{CE}$ (ver figura 1.12.3), temos $\overrightarrow{PF} \cap \overrightarrow{AB} = \emptyset$ o que
contradiz a hipótese $\overrightarrow{PD}|\overrightarrow{AB}$. Daí, a prova.

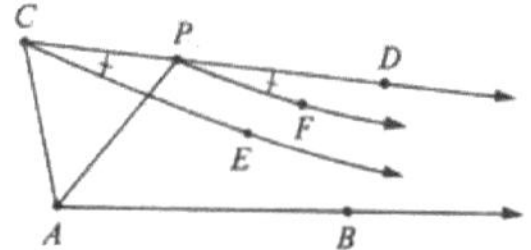

Fig 1.12.3

Teorema 1.12.3: Se $\overrightarrow{PD}|\overrightarrow{AB}$ e P-C-D então$\overrightarrow{CD}|\overrightarrow{AB}$.

Prova: esquerda como um exercício de leitura.

Definição 1.12.4:

1. Dois raios $\overrightarrow{PQ}$ e $\overrightarrow{RS}$ são denominadas equivalentes, indicadas por$\overrightarrow{PQ}\sim\overrightarrow{RS}$se uma delas contiver a outra.

2. Dois triângulos abertos são chamados de **equivalentes** se os raios que formam os seus lados forem equivalentes.

3. Um triângulo aberto ΔDPAB é chamada de **isósceles** se$\angle P \equiv \angle A$.

Por conseguinte, temos os seguintes teoremas, mas as provas são omitidas.

Teorema 1.12.5: Se$\overrightarrow{PQ}|\overrightarrow{AB}$ e $\overrightarrow{PQ}$ e $\overrightarrow{RS}$ são equivalentes, então$\overrightarrow{RS}|\overrightarrow{AB}$.

Teorema 1.12.6: Se $\overrightarrow{PQ}|\overrightarrow{AB}$, $\overrightarrow{P'Q'}\sim\overrightarrow{PQ}$ e$\overrightarrow{A'B''}.\sim\overrightarrow{AB}$ então $\overrightarrow{P'Q'}|\overrightarrow{A'B''}$..

Teorema 1.12.7: O paralelo crítico a um determinado raio, através de um determinado ponto externo, é único.

Teorema 1.12.8: Se$\overrightarrow{PQ}|\overrightarrow{AB}$então Δ**DPAB** é equivalente a um triângulo aberto isósceles que tem o P como vértice.

Comprovação: Desde $\overrightarrow{PD}|\overrightarrow{AB}$ o raio bissexto de $\angle$**APD** intersects $\overrightarrow{AB}$ num ponto (digamos Q). Pelo teorema da travessa, o raio bissexto de $\angle$PABintersects $\overrightarrow{PQ}$ num determinado momento (digamos R). Que S, T, e U sejam os pés da perpendicular de R a$\overrightarrow{PD},\overline{AB}$ e$\overline{AP}$. Depois temos de mostrar que Δ**DSTB** isosceles.

Agora, temos

- ΔAUR $\equiv$ ΔATR pelo teorema da AAS $\Rightarrow$ RU = RT
- ΔPUR $\equiv$ ΔPSR pelo teorema da AAS $\Rightarrow$ RU = RS

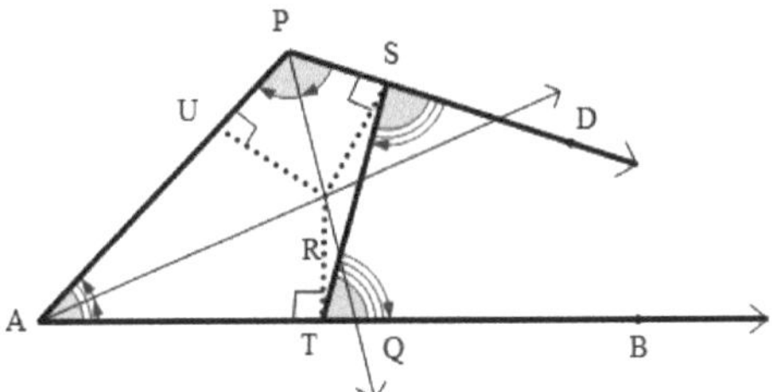

Fig 1.12.4

Assim, por transitividade a partir destes dois, temos RT = RS $\Rightarrow$ ΔTRS isósceles e, portanto $\angle$RST $\equiv$ $\angle$RTS. $\Rightarrow$ $\angle$DST $\equiv$ $\angle$BTS. Daí, ΔDSTB isosceles.

Teorema 1.12.9: O paralelismo crítico é uma relação simétrica. Ou seja, se$\overrightarrow{PQ}|\overrightarrow{AB}$ então $\overrightarrow{AB}|\overrightarrow{PD}$.

Comprovação: Por Teoremas 1.12.6 e 1.12.8, podemos supor que $\Delta DPAB$ se trata de um triângulo aberto isósceles.

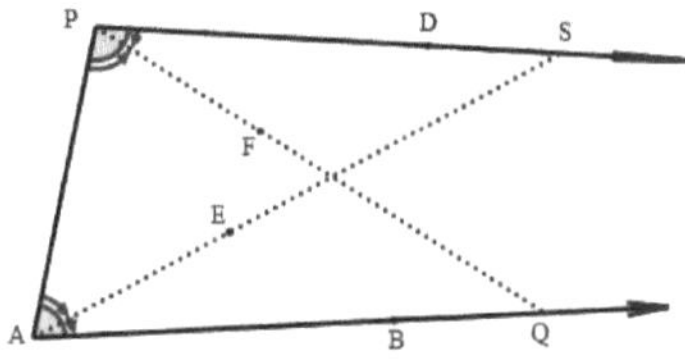

Fig 1.12.5

Que $\overrightarrow{AE}$ ser qualquer raio interior de$\angle$PAB. Let $\overrightarrow{PF}$ ser um raio interior de $\angle$APD de tal modo que$\angle$DPF $\equiv$ $\angle$BAE. Depois$\overrightarrow{PF}$ intersects $\overrightarrow{AB}$ num ponto Q. Segue-se que $\overrightarrow{AE}$ intersects$\overrightarrow{PD}$no ponto S em que $PS = AQ$.

Teorema 1.12.10: Se dois raios não equivalentes forem criticamente paralelos a um terceiro raio, então são criticamente paralelos um ao outro.

Restatement: Se$\overrightarrow{AB}|\overrightarrow{CD}$,$\overrightarrow{CD}|\overrightarrow{EF}$ e $\overrightarrow{AB}$ e $\overrightarrow{EF}$ não são equivalentes, então $\overrightarrow{AB}|\overrightarrow{EF}$.

Comprovação: consideremos a posição de$\overrightarrow{AB}$ e $\overrightarrow{EF}$ no que diz respeito a $\overrightarrow{CD}$

Caso 1: Suponhamos que$\overrightarrow{AB}$ e $\overrightarrow{EF}$ se encontram em lados opostos de $\overline{CD}$. Depois$\overline{AE}$ intersects $\overline{CD}$ e por Theorem 1.12.4 podemos assumir que o ponto de intersecção é C.

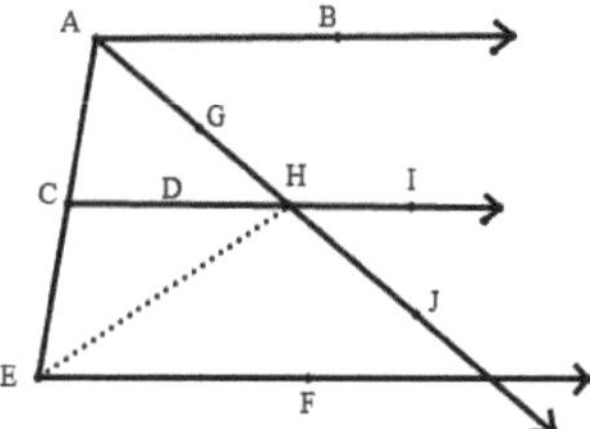

Fig 1.12.6

Que$\overline{AG}$ser qualquer raio interior de $\angle EAB$. Depois$\overline{AG}$ intersects $\overline{CD}$ num ponto H. Tomo I para que C-H-I e tomar J para que A-H-J. Depois $\overrightarrow{HI}|\overrightarrow{EF}$por Theorem 1.12.4 e $\overrightarrow{JH}$ é um raio interior de $\angle EHI$Por conseguinte, $\overrightarrow{HJ}$ intersects $\overrightarrow{EF}$ num ponto K. Por conseguinte$\overrightarrow{AG}$intersects $\overline{EF}$ o que devia ser provado.

Caso 2: Se $\overline{CD}$ e$\overline{AE}$ estão em lados opostos de $\overrightarrow{AB}$ segue-se a mesma conclusão. Suponha-se que $\overrightarrow{AB} \cap \overrightarrow{CE}$ = Apelas mesmas razões que no primeiro caso. Através do E existe exactamente um raio$\overrightarrow{EF''}$. criticamente paralela a$\overrightarrow{AB}$pelo resultado no caso (1), $\overrightarrow{EF'}|\overrightarrow{CD}$. Uma vez que os paralelos críticos são únicos $\overrightarrow{EF''}. \equiv \overrightarrow{EF}$ e $\overrightarrow{EF}|\overrightarrow{AB}$ o que devia ser provado.

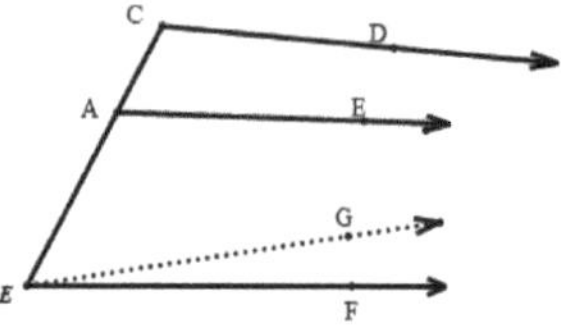

Fig 1.12.7

Capítulo 2

2. A geometria euclidiana

2.1.Introdução

A geometria euclidiana é um sistema matemático formulado pelo matemático grego de Alexandria Euclid. O método Euclid consiste em assumir um pequeno conjunto de afirmações intuitivamente apelativas, chamadas axiomas, e deduzir muitos outros segmentos de afirmações destes, chamados teoremas. Embora muitos dos resultados de Euclid tivessem sido declarados por matemáticos anteriores, Euclid foi o primeiro a mostrar como estas proposições se poderiam encaixar num sistema lógico e dedutivo abrangente.

Euclid deu cinco postulados (axiomas) para a geometria plana, indicados em termos de construções:

Postulado 1: Podemos traçar um segmento de linha único entre quaisquer dois pontos.

Postulado 2: Qualquer segmento de linha pode ser continuado indefinidamente.

Postulado 3: Um círculo de qualquer raio e qualquer centro pode ser desenhado.

Postulado 4: Quaisquer dois ângulos rectos são congruentes.

Postulado 5: Let ℓ and m be two lines cut by a transversal in a such as the som of the measures of the two interior angles on one side of t is less than 180^0. Em seguida, ℓ m intersectar nesse lado de t.

Embora a declaração de Euclides sobre os postulados apenas afirme explicitamente a existência das construções, estes são também considerados únicos.

No estudo da geometria há mais de dois mil anos, o adjetivo "Euclidiano" era desnecessário porque nenhum outro tipo de geometria tinha sido concebido. Os axiomas de Euclides pareciam tão intuitivamente óbvios; com a possível excepção do postulado paralelo que qualquer teorema provado a partir deles era considerado verdadeiro num sentido absoluto, muitas vezes metafísico. Contudo, desde o início do [século XIX] a sociedade matemática fez uma revolução no estudo da geometria com base na forma de responder à pergunta: Dada uma linha le um ponto sobre l quantas linhas através de P são paralelas a l? Enquanto a geometria euclidiana diz que existe uma e apenas uma linha paralela através de P, a geometria não euclidiana varia de nenhuma linha paralela (geometria esférica) para mais do que uma linha paralela através de P (Geometria hiperbólica).

Este capítulo discute basicamente o axioma do ^{quinto} Euclides, chamado postulado paralelo e sua forma equivalente.

2.2.Postulado paralelo euclidiano e algumas consequências

O postulado paralelo foi o mais controverso do postulado de Euclides para a geometria. Muitos matemáticos consideraram que deveria ser possível deduzir o postulado paralelo dos outros postulados de Euclides. Mais tarde provou-se ser impossível deduzir o postulado paralelo dos outros postulados, os esforços para o fazer levaram à invenção de várias geometrias não euclidianas em que o postulado paralelo é violado. Outros tentaram formular um axioma alternativo que tem as mesmas consequências lógicas que o postulado paralelo. Aquele que vai directo ao cerne da questão é o axioma Play fair, com o nome do matemático escocês John Play fair.

 Nesta secção veremos a declaração do postulado paralelo euclidiano, a sua declaração alternativa denominada axioma da feira do jogo e algumas das suas consequências.

Postulado paralelo euclidiano:

Se as linhas l_1 e l_2 são atravessadas por uma te a soma dos ângulos interiores adjacentes de um dos lados da t medir menos de180^0então l_1 e l_2 intersectar, desse lado, de t.

O postulado paralelo na sua forma equivalente:

Axioma da feira: deixe l ser uma linha e P ser um ponto que não esteja em l. Depois há exactamente uma linha através de P que é paralela a l .

Com efeito, no desenvolvimento da geometria de Euclides, este não é um axioma, mas um teorema que pode ser provado a partir dos axiomas. No entanto, alguns matemáticos gostam de tomar esta afirmação como um axioma em vez de utilizar o postulado paralelo de Euclid. Como resultado, é muito importante explicar em que sentido podemos dizer que o postulado paralelo de Euclides é equivalente ao axioma da Playfair. Uma vez que o postulado paralelo desempenha um papel tão especial na geometria do Euclid, façamos uma questão especial de estarmos conscientes quando utilizamos este postulado, e quais os teoremas que estão dependentes da sua utilização.

Recordar que a geometria neutra é a recolha de todos os postulados e noções comuns, excepto o postulado paralelo, juntamente com todos os teoremas que podem ser provados sem utilizar o postulado paralelo. Se tomarmos a geometria neutra, e acrescentarmos o postulado paralelo, então recuperamos a geometria euclidiana comum e podemos provar **o Axioma do jogo justo** como um teorema.

Euclides provou, utilizando o postulado paralelo, que a soma angular em triângulo é sempre dois ângulos rectos. Esta propriedade dos triângulos é equivalente ao postulado paralelo, ou seja, também se pode provar que a implicação inversa, que se a soma dos ângulos é assumida como dois ângulos rectos, então o postulado paralelo é o seguinte. Assim, provar o postulado paralelo é equivalente a provar o teorema da soma dos ângulos.

No capítulo um, provámos o teorema do ângulo interior alternativo (Teorema 1.8.4), mas não o inverso. O problema no inverso foi que não se pode provar utilizando apenas os axiomas de geometria neutra. Depende do comportamento euclidiano de linhas paralelas. Aqui partimos deste teorema.

Teorema 2.1.1: Dadas duas linhas e uma transversal. Se as linhas forem paralelas, então cada par de ângulos interiores alternados é congruente.

Comprovação: Considere duas linhas paralelas l_1 e l_2 atravessado por uma linha transversal **t** e deixar $\angle 1$, $\angle 2$, $\angle 3$ e $\angle 4$ ser os ângulos interiores, como indicado na figura 2.1.1.

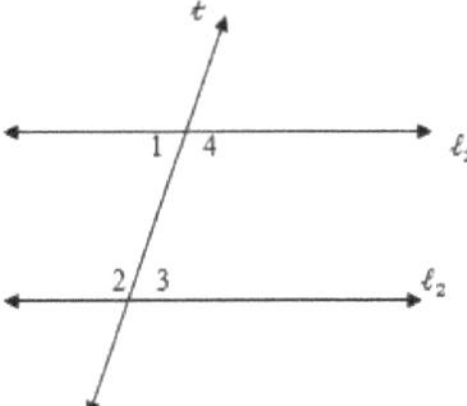

Fig 2.1.1

Agora, pelo par de ângulos suplementares que temos:

- $m\angle 1 + m \angle 4 = 180^0$ (1)
- $m\angle 2 + m\angle 3 = 180^0$ (2)

$\Rightarrow m\angle 1 + m\angle 2 + m\angle 3 + m \angle 4 = 360^0$ (3)

Agora, é aqui que entra em jogo o quinto postulado de Euclides e, na verdade, vamos ter de usar o contra positivo. Desde l_1 e l_2 são paralelas, o que significa que não se cruzam de um lado e do outro da t. Por conseguinte, o quinto postulado de Euclides diz que, em nenhum dos dois lados do tpode a soma dos ângulos interiores adjacentes ser inferior a180^0.

Assim, teremos: $m\angle 1 + m\angle 2 \geq 180^0$ (4)

$$m\angle 3 + m\angle 4 \geq 180^0 \qquad (5)$$

$$\Rightarrow m\angle 1 + m\angle 2 + m\angle 3 + m\angle 4 \geq 360^0 \qquad (6)$$

Se uma destas somas nas equações 4 e 5 for superior a180^0A soma dos quatro ângulos teria de ser superior a360^0. Mas na equação 3 vimos que não é esse o caso, pelo que as desigualdades são, na realidade, desigualdades.

$$\text{Ou seja } m\angle 1 + m\angle 2 = 180^0 \qquad (7)$$

$$m\angle 3 + m\angle 4 = 180^0 \qquad (8)$$

Assim, usando uma simples operação algébrica na equação 1 & 7, obtemos $m\angle 2 = m\angle 4$e utilizando a equação 2 &8, obtemos $m\angle 1 \; m\angle 3$.

Daí, a prova. É quando as linhas que atravessam o transversal são paralelas, então os ângulos interiores alternados são congruentes.

Teorema 2.1.2: Dadas duas linhas e uma transversal. Se as linhas forem paralelas, então cada par de ângulos correspondentes é congruente.

Comprovação: Como a prova é totalmente análoga ao teorema acima, deixada como um exercício.

Um dos principais teoremas que provámos na secção de geometria neutra foi o teorema de Saccheri-Legendre: que a soma angular de um triângulo é, no máximo180^0. É tudo o que se pode dizer com os axiomas da geometria neutra, mas num mundo com o axioma da feira do jogo e o inverso do teorema do ângulo interior alternado, só pode haver uma soma de ângulos triangulares e a desigualdade $m\angle A + m\angle B + m\angle C \leq 180^0$ torna-se uma equação.

Teorema. 2.1.3: Em qualquer triângulo **ABC** temos $\mathbf{m\angle A + m\angle B + m\angle C = 180^0}$

Comprovação: Considere o triângulo ΔABC. Pelo axioma da Playfair, existe uma linha única l através de B, que é paralelo a$\overline{AC}$. A linha l e os raios $\overrightarrow{BA}$e $\overrightarrow{BC}$formar três ângulos, $\angle a$, $\angle b$, $\angle c$ como indicado na figura 2.1.2.

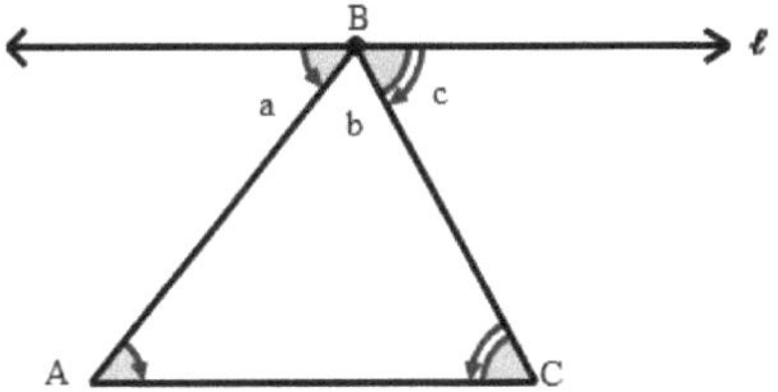

Fig 2.1.2

Desde l e $\overline{AC}$ são paralelos, os ângulos interiores do alterniat são congruentes (teorema 2.1.1).

Assim, temos $\angle a \equiv \angle A$ e $\angle c \equiv \angle C$ e m$\angle$a+m$\angle$b+m$\angle$c $= 180^0$ (ângulo recto)

Mas m$\angle$A+m$\angle$B+m$\angle$C $=$ m$\angle$a+m$\angle$b+m$\angle$c $= 180^0$.

Daí, a prova.

Teorema 2.1.4: Os ângulos agudos de um triângulo rectângulo são complementares.

Prova: desde trivial, a escrita à esquerda como um exercício.

Teorema 2.1.5: Cada quadrilátero Saccheri é um rectângulo

Prova: considere o quadrilátero Saccheri como na figura 2.1.3.

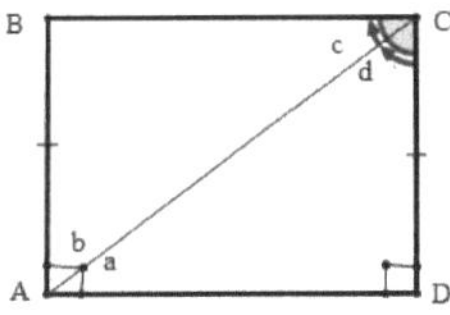

Fig 2.1.3

Por Teorema 2.1.1, $\angle b \equiv \angle d$

Uma vez que AB= DC e $AC=AC$, conclui-se que$\triangle$BAC $\equiv$ $\triangle$DCA (pelo teorema de congruência da SAS). Por conseguinte, $\angle B \equiv \angle D$ é um ângulo recto.

Desde $\angle b \equiv \angle d$ e, m$\angle$b $+$ m$\angle$c $= 90^0$ (teorema 2.1.4),

m$\angle$d $+$ m$\angle$c $= 90^0$. Esta prova $\angle C$ é um ângulo correcto.

67

Observe que finalmente demonstrámos que os rectângulos existem. Os seguintes teoremas são uma consequência imediata e provam ser deixados como um exercício (não são muito mais difíceis de escrever do que de ler).

Teorema 2.1.6: Para qualquer triângulo, a medida de um ângulo exterior é a soma das medidas dos seus dois ângulos interiores remotos.

Teorema 2.1.7: Num plano, quaisquer duas linhas paralelas a uma terceira linha são paralelas uma à outra.

Teorema 2.1.8: Se uma transversal é perpendicular a uma de duas linhas paralelas, é perpendicular à outra.

Teorema 2.1.9: Qualquer das diagonais divide um paralelogramo em dois triângulos congruentes. Mais precisamente: Se $\square$O ABCD é um paralelogramo, então$\triangle$**ABC** $\equiv$ $\triangle$**CDA**.

Exercício 2.1.12

1. Suponha-se quel_1 , l_2 e $l_3$são três linhas distintas: l_1 e $l_2$são paralelas, e l_2e $l_3$são paralelas. Provem então que l_1e $l_3$são paralelas.

2. As diagonais de um paralelogramo são congruentes.

3. As diagonais de um paralelogramo se bissecam umas às outras.

4. Suponhamos que as diagonais de um quadrilátero convexo *ABCD* se intersectam num ponto *P* e que AB $\equiv$ BP $\equiv$ CP $\equiv$ DP. Provar que o *ABCD* é um rectângulo.

5. Suponha que as diagonais de um quadrilátero convexo se bifurquem mutuamente em ângulos rectos.

6. Provar que o quadrilátero deve ser um losango.

7. Provar que, num paralelogramo, cada par de lados opostos é congruente.

8. Provar que as diagonais de um paralelogramo se bissectam umas às outras. Ou seja, cruzam-se num ponto que é o bissector de cada uma delas. Assim, a prova deve começar com uma prova de que as diagonais se intersectam entre si.

2.3.Projecção Paralela Euclidiana

O objectivo desta secção é introduzir um mecanismo denominado projecção paralela, um tipo particular de cartografia de pontos numa linha para pontos noutra linha. A projecção paralela é a peça de mecanismo que tem de existir para se compreender realmente a semelhança, que por sua vez é essencial para muito do que vamos fazer nas próximas lições. Assim, o objectivo principal desta parte é compreender como as distâncias entre pontos podem ser distorcidas pela projecção paralela, mas preserva entre'ness, congruência e rácios. Uma vez que isso seja descoberto, seremos capazes de voltar a nossa atenção para a geometria da semelhança.

Recordar que a perpendicular de um ponto a uma linha existe sempre e é única. Além disso, o teorema da projecção paralela é uma consequência do postulado paralelo euclidiano.

Definição 2.2.1 (Projecção paralela): Uma projecção paralela a partir de uma linha l a outra linha *h* é uma cartografia f que atribui a cada ponto *P* em l um ponto f(P) em *h* para que todas as linhas que ligam um ponto e a sua imagem sejam paralelas umas às outras.

Ilustração: Tendo em conta duas linhas l e *h* no mesmo plano, a projecção paralela de l para *h* é a função f: l $\longrightarrow$ *h* de tal modo que f(P) = P'$\in h \forall$P $\in$ l e$\overline{PP''}. \perp$ *h* .

A função f é chamada projecção de l em*h*. Recorde-se que duas linhas num plano perpendicular a uma mesma linha são paralelas.

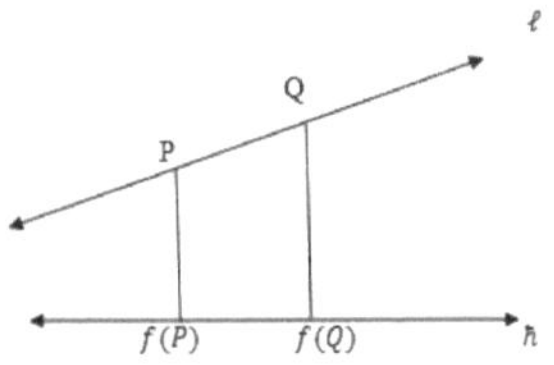

Fig 2.2.1

Teorema 2.2.2: Cada projecção paralela é uma bijecção, ou seja, um-para-um e sobre função.

Comprovação: deixar l e *h* ser duas linhas e f ser uma projecção paralela de l para *h*. Temos de o demonstrar: 1) f é de um para um

2) f é um onto.

1. Suponhamos que f não é de um para um, ou seja, para P $\neq$ R pontos eml, f(P) = f(R) i.e. $\overline{Pf(P)}$ e $\overline{Rf(R)}$ reunir-se em *h*. Mas isto não pode ser, uma vez que as duas linhas são paralelas. Por conseguinte, a nossa suposição é falsa e f é um-para-um.

2. Indique um pontoQ$^{'}$ $\in$ *h*precisamos de garantir que $\exists$ Q $\in$ l de tal modo que f(Q) = Q$^{'}$. Desde Q' não em lExiste uma linha que passa por Q'que é paralelo a $\overline{Pf(P)}$ para P $\in$ l. Agora, se esta linha se encontrar lEntão, estamos conversados. Suponhamos que não, então a linha vai ser paralela a ambas $\overline{Pf(P)}$ e l. O que, por sua vez, implica $\overline{Pf(P)}$ e l são elas próprias paralelas. Mas isso é impossível, uma vez que P é o seu ponto comum. Por conseguinte, a linha tem de cumprir l em algum momento Q.

Por conseguinte, a bijecção, f é bijecção.

Vimos que a projecção paralela estabelece uma correspondência entre os pontos de uma linha e os pontos de outra linha. E quanto à ordem desses pontos? Os pontos podem ser embaralhados no processo de projecção paralela? E quanto à congruência? Os próximos teoremas respondem a isto.

Teorema 2.2.3: Projecções paralelas preservam entre'ness.

Restatement: Let f: l $\rightarrow$ *h* ser uma projecção paralela. Se P-Q-R em lentãoP'-Q'-R' em *h*

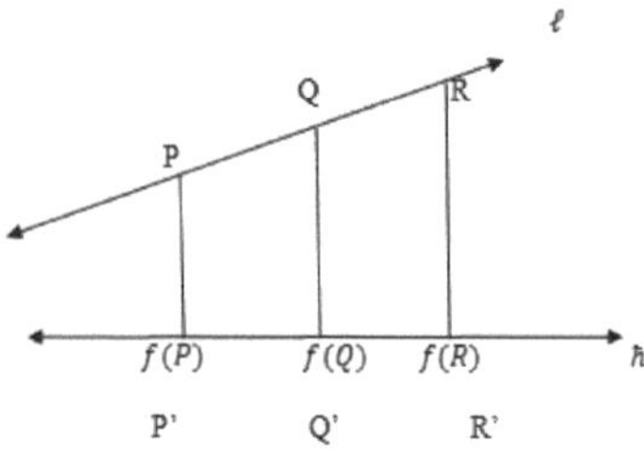

Fig 2.2.2

Poof: Dado P-Q-R e f: l $\rightarrow$ *h*. Temos de mostrar que P'-Q'-R' ou seja f(P)-f(Q)-f(R). Desde **P-Q-R**, **P** e **R** estão em lados opostos de$\overline{QQ''}$. . Depois **P** e **P'**estão do mesmo lado de $\overline{QQ''}$. como em **P** (por definição, são paralelos). Do mesmo modo, **R** e **R'** estão do mesmo lado de $\overline{QQ''}$. como em **R**. Assim, **P'** e **R'** estão em lados opostos no que diz respeito a **Q'**. Mas P e R estão em lados opostos. A intersecção de $\overline{QQ''}$. e $\overline{P'R'}$, que é **Q'** deve situar-se entre **P'** e **R'**.

DaíP'-Q'-R".. É por isso que a projecção paralela preserva entre'ness e a ordem.

Teorema 2.2.4: As projecções paralelas preservam a congruência.

Restatement: Let f: l $\rightarrow$ *h* ser uma projecção paralela. Se$\overline{AB} \equiv \overline{CD}$ em l então $\overline{A'B''}. \equiv \overline{C'D'}$ em *h*

Comprovação:

(1) Se l ∥ *h*então$\overline{AB}$ e$\overline{A'B''}$.são lados opostos de um paralelogramo, daí decorre que$\overline{AB} \equiv \overline{A'B''}$.. Do mesmo modo$\overline{CD} \equiv \overline{C'D'}$. Por conseguinte, $\overline{A'B''}. \equiv \overline{C'D'}$como desejado.

(2) Suponha-se que l e *h* não são paralelas, como na figura 2.2.3 abaixo, Let v ser a linha que passa por A, paralela a *h*, entrecruzando $\overline{BB''}$. em E. Let ω ser uma linha através de C, paralela a *h* intersecção $\overline{DD''}$. em F. Agora v ∥ ω e l é uma transversal.

Observe que ∆ABE ≡ ∆CDF pelo teorema de congruência da ASA (justificar)

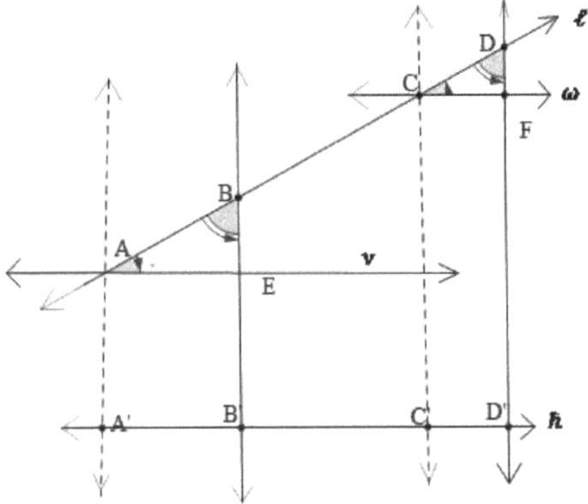

Fig 2.2.3

Assim, $\overline{AE}$ ≡ $\overline{CF}$ Mas$\overline{AE}$ ≡ $\overline{A'B''}$. e $\overline{CF}$ ≡ $\overline{C'D'}$ porque estes segmentos são lados opostos dos paralelogramas. Por conseguinte, $\overline{A'B''}$. ≡ $\overline{C'D'}$.

Daí, a prova.

2.4.Teorema básico de similaridade

Nas lições sobre geometria neutra, gastámos muito esforço para obter uma congruência compreensiva.

Se bem se lembra o que significa dois polígonos serem congruentes:

- todas as suas faces correspondentes devem ser congruentes, e
- todos os seus ângulos interiores correspondentes devem ser congruentes.

71

A semelhança é uma relação menos exigente do que a congruência. Intuitivamente, polígonos semelhantes como "versões em escala" uns dos outros: a mesma forma, mas possivelmente tamanhos diferentes. A semelhança discute a noção matemática que descreve a ideia de mudança de escala que se encontra em formas como a elaboração de mapas, desenhos em perspectiva, alargamento fotográfico e medições indirectas da distância.

A título preliminar, iremos rever as noções que poderiam ser utilizadas nesta secção, como rácio e proporção, enquanto estudamos a similaridade de triângulos.

Definição 2.3.1:

1. A comparação das magnitudes de duas quantidades da mesma espécie na mesma unidade é designada por **rácio**. É normalmente expressa sob a forma de quociente ou de fracção de dois números. Por exemplo, se nos forem dados comprimentos de dois segmentos de linha como $\overline{AB} = 8cm$ e $\overline{DC} = 16cm$ a relação dos seus comprimentos é escrita em 1:2 ou simplesmente $\frac{1}{2}$.

   Não é isso: os rácios não têm unidades.

2. A igualdade de dois rácios é chamada uma **proporção.**

   Observações:

   - Uma proporção é normalmente expressa em $\frac{a}{b} = \frac{c}{d}$ ou $a : b = c : d$

   - A ração constante k de tal modo que $\frac{a}{b} = \frac{c}{d} = k$ é denominada constante de proporcionalidade (valor comum de cada rácio).

   - Uma proporção $\frac{a}{b} = \frac{c}{d}$ iff $ad = bc$

   - Se três quantidades a, b, c forem tais que $\frac{a}{b} = \frac{b}{c}$ b é chamada uma média proporcional entre a e c. Assim, se b é a média proporcional entre a e c, então b2 = ac.

Definição 2.3.2 (Relação dos segmentos de uma linha): Que P seja um ponto no segmento de linha $\overline{AB}$

   - Se A-P-B, então $\overline{AP}$ e $\overline{PB}$ são chamados segmentos de $\overline{AB}$ e $\overline{AB}$ que se diz estar dividida internamente em P no rácio AP: PB.

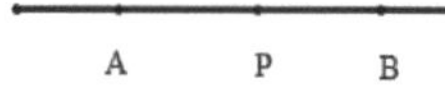

- Se P-A-B ou A-B-P, então $\overline{AB}$ diz-se que está dividido externamente em P no rácio AP: PB.

Consideremos agora três linhas com duas travestis comuns, como esta:

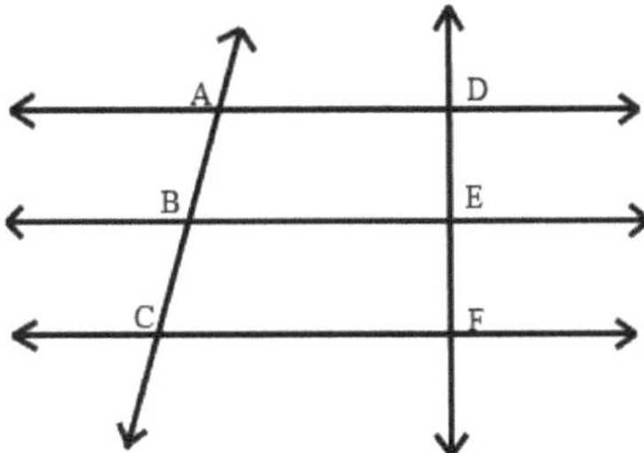

Deve ser verdade que $\frac{AB}{BC} = \frac{DE}{EF}$. Ao estilo dos nossos teoremas anteriores, poderíamos expressar isto dizendo que as projecções paralelas preservam os rácios. O teorema vale a pena trabalhar; é o fundamento de toda a teoria da semelhança para os triângulos. A prova dependerá do postulado paralelo euclidiano, como seria de esperar: se os paralelos não são únicos, então as projecções paralelas não estão sequer bem definidas. Declaremos primeiro um teorema que será útil para provar este teorema que vem depois. Mas para provar o teorema preliminar, precisamos de recordar a área de um triângulo. Dêem ΔPQR com atitude (h) extraído de um vértice (digamos Q) perpendicular ao lado oposto (no nosso caso, $\overline{PR}$), a zona A é dada por $A = \frac{1}{2}.\,h.\,PQ.$

Teorema: 2.3.3 Se uma linha paralela a um lado de um triângulo intersecta os outros dois lados (em pontos que dividem os lados internamente), então divide cada um desses lados em segmentos que são proporcionais.

Restatement: EmΔABCSe D e E estiverem situadas nos lados AB e CB, de tal forma que a linha DE esteja paralela à linha AC, então $\frac{AB}{DB} = \frac{BC}{BE}$

Comprovação: considere Δ**ABC** de tal forma que D e E estão de lado $\overline{AB}$ e $\overline{CB}$ como se pode ver na figura.

Considere ΔDEB eΔAEB. Ambos os triângulos têm a mesma altitude, chamem-lhe$\overline{EF}$. Assim,

$$A(\Delta AEB) = \tfrac{1}{2}(AB)(FE) \text{ e } (\Delta DEB) = \tfrac{1}{2}(DB)(FE)$$

$$\Rightarrow \frac{AB}{DB}\frac{A(\Delta AEB)}{A(\Delta DEB)}.$$

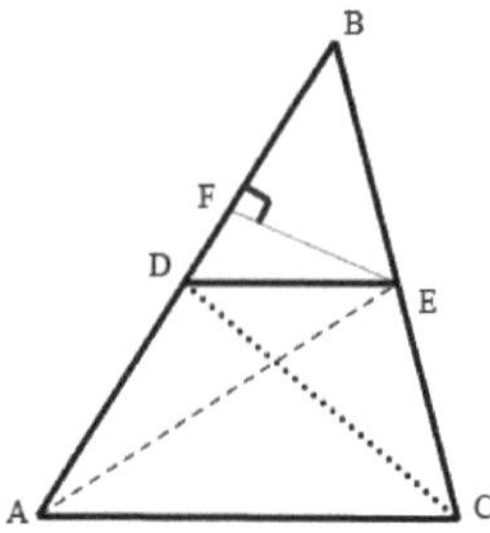

Fig 2.3.4

Utilizando o mesmo argumento sobre ΔDEB e ΔCDB pode-se mostrar

$$\frac{BC}{BE} = \frac{A(\Delta CDB)}{A(\Delta DEB)}$$

Agora, se mostrarmos $A(\Delta AEB) = A(\Delta CDB)$ Então, está feito. Uma vez que os dois triângulos se sobrepõem na área de ΔEDBmais uma vez, é suficiente para mostrar que $A(\Delta AED) = A(\Delta CDE)$. Mas estes dois triângulos estão completamente situados nas duas linhas paralelas $\overline{DE}$ e$\overline{AC}$. Assim, podemos utilizar $\overline{DE}$ como base e a atitude de $\overline{DE}$ e $\overline{AC}$ em qualquer momento é a mesma coisa. Assim, os dois triângulos têm a mesma área. Daí, a prova.

Observe isso: $\frac{AB}{DB} = \frac{AD+DB}{DB} = 1 + \frac{AD}{DB}$ e $\frac{BC}{EB} = \frac{CE+EB}{EB} = 1 + \frac{CE}{EB}$. Assim, $\frac{AD}{DB} = \frac{CE}{EB}$

Teorema2.3.4: Se os pontos **D** e **E estiverem** respectivamente nos lados$\overline{AB}$e $\overline{AC}$ de Δ**ABC** de tal modo que$\frac{\overline{AD}}{\overline{AB}} = \frac{\overline{AE}}{\overline{AC}}$então$\overline{DE} \parallel \overline{BC}$.

Prova: Suponha que$\overline{DE}$ não é paralela a$\overline{BC}$. Depois, por axioma paralelo, existe um ponto F sobre $\overline{AC}$ diferente de E de tal forma que$\overline{DF} \parallel \overline{BC}$. Daí$\frac{AD}{AB} = \frac{AF}{AC}$(por Theorem 2.4.1).

Mas a partir da hipótese do teorema que temos$\frac{AD}{AB} = \frac{AE}{AC} \implies \frac{AF}{AC} = \frac{AE}{AC}$

$\implies$ **AF = AE.** Isto, por sua vez, implica$\overline{AF} \equiv \overline{AE}$ o que é contrário ao axioma da construção de segmentos como **E $\neq$ F.** Por conseguinte, a suposição $\overline{DE}$ não é paralelo a $\overline{BC}$ está errado.

Por conseguinte, $\overline{DF} \parallel \overline{BC}$.

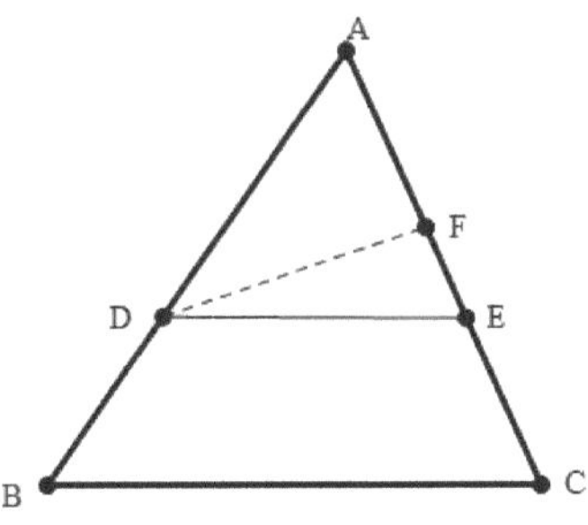

Fig 2.3.5

Teorema 2.3.5 (Teorema Básico de Semelhança): Se l_1, l_2e l_3 são três linhas paralelas, com travestis comuns **g** e**h**então $\frac{\overline{AB}}{\overline{BC}} = \frac{\overline{DE}}{\overline{EF}}$

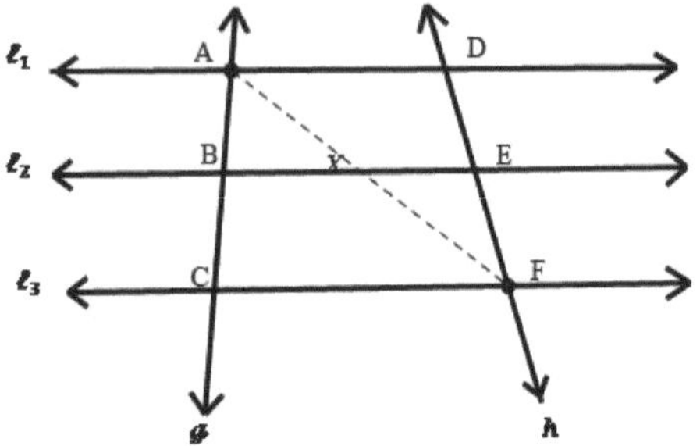

Fig 2.3.6

Prova: Que m e n sejam travestis paral$_1$,l$_2$,l$_3$ onde l$_1$||l$_2$||l$_3$. temos de mostrar que $\frac{AB}{BC} = \frac{DE}{EF}$.

Junte-se de A a F para que $\overline{AF}$Encontrar-se em l$_2$ em X. Em seguida, aplicar o teorema 2.4.1

em ΔACF e ΔFDApara obter: $\frac{AB}{BC} = \frac{AX}{XF}$ e $\frac{FX}{XA} = \frac{FE}{ED}$.

Mas $\frac{FX}{XA} = \frac{FE}{ED} \Longrightarrow \frac{XA}{FX} = \frac{ED}{FE}$. Assim, $\frac{AB}{BC} = \frac{ED}{FE}$.

Corolário 2.3.6: os segmentos de linhas paralelas entre os braços de um ângulo são proporcionais aos segmentos cortados pelas linhas paralelas nos braços do ângulo que partem do vértice.

Comprovação: Let l$_1$ ∥ l$_2$ e considerar∠**AOB**. Temos de mostrar que

$$\frac{OB_2}{OB_1} = \frac{B_2A_2}{B_1A_1} = \frac{OA_2}{OA_1}$$

Desenhol$_3$ através deB$_1$paralelamente a $\overline{OA}$. Let l$_3$ intersect l$_2$ no ponto K.

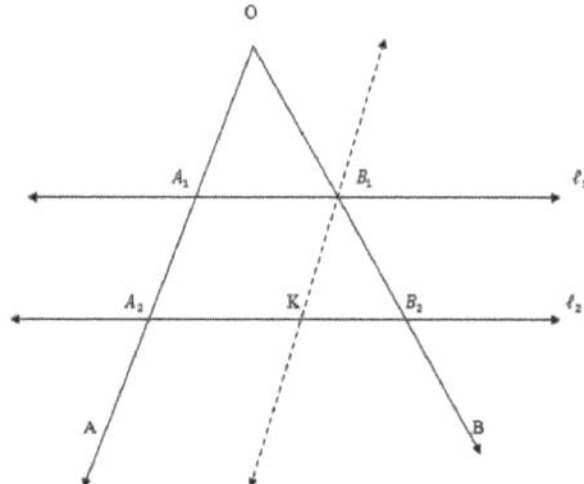

Fig 2.3.7

1. Para mostrar $\dfrac{OB_2}{OB_1} = \dfrac{B_2A_2}{B_1A_1}$

Considere $\angle OB_2A_2$. $l_3 \parallel \overline{OA}$ (por construção). Depois $\dfrac{B_2K}{KA_2} = \dfrac{B_2B_1}{B_1O}$ teorema 2.4. 3

(1)

Agora, $\dfrac{B_2O}{B_1O} = \dfrac{B_2B_1 + B_1O}{B_1O} = \dfrac{B_2B_1}{B_1O} + \dfrac{B_1O}{B_1O} = \dfrac{B_2B_1}{B_1O} + 1$

e $\dfrac{B_2A_2}{B_1A_1} = \dfrac{B_2K + KA_2}{B_1A_1} = \dfrac{B_2K}{B_1A_1} + \dfrac{KA_2}{B_1A_1} = \dfrac{B_2K}{KA_2} + \dfrac{KA_2}{KA_2}$ desde $KA_2 = B_1A_1$

portanto, $\dfrac{B_2A_2}{B_1A_1} = \dfrac{B_2K}{KA_2} + 1$

(2)

A partir de 1 temos $\qquad \dfrac{B_2K}{KA_2} = \dfrac{B_2B_1}{B_1O}$

$$\dfrac{B_2K}{KA_2} + 1 = \dfrac{B_2B_1}{B_1O} + 1 \qquad \text{adicionar um a ambos os lados}$$

$$\dfrac{B_2K}{KA_2} + \dfrac{KA_2}{KA_2} = \dfrac{B_2B_1}{B_1O} + \dfrac{B_1O}{B_1O}$$

$$\dfrac{B_2A_2}{B_1A_1} = \dfrac{B_2O}{OB_1}$$

2. $\dfrac{B_2A_2}{B_1A_1} = \dfrac{OA_2}{OA_1}$ (esquerda como um exercício)

Considere o seguinte triângulo. Desde o teorema 2.3.3 até ao corolário 2.3.6, se $\overline{DE} \parallel \overline{BC}$ temos, então, as seguintes generalizações:

1. $\dfrac{\overline{AD}}{\overline{DB}} = \dfrac{\overline{AE}}{\overline{EC}}$

2. $\dfrac{\overline{AB}}{\overline{DB}} = \dfrac{\overline{AC}}{\overline{EC}}$

3. $\dfrac{\overline{AD}}{\overline{AB}} = \dfrac{\overline{AE}}{\overline{AC}}$

4. $\dfrac{\overline{AE}}{\overline{AC}} = \dfrac{\overline{DE}}{\overline{BC}}$

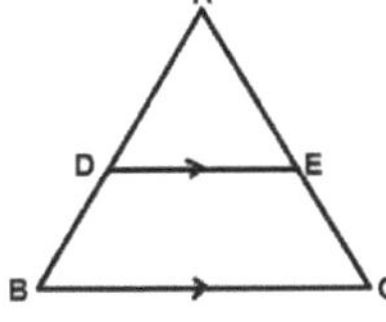

Fig 2.3.8

2.5. Semelhanças entre os Triângulos

Nesta secção, vamos voltar a nossa atenção para alguns teoremas que tratam da semelhança dos triângulos.   As provas dos teoremas de similaridade baseiam-se no uso de teoremas

77

básicos de similaridade. Recorde-se do ensino secundário que os números geométricos são semelhantes quando têm a mesma forma, mas não necessariamente o mesmo tamanho.

Definição 2.4.1 Dois triângulos Δ**ABC** eΔ**DEF** são considerados semelhantes, escritos como Δ**ABC**~Δ**DEF**se e só se

    i) as três partes dos ângulos interiores correspondentes são congruentes e

    ii) Os comprimentos dos três pares de lados correspondentes são proporcionais, ou seja, os comprimentos dos lados correspondentes diferem pelo mesmo múltiplo constante

Nota: Para estabelecer a semelhança dos triângulos, no entanto, não é necessário estabelecer a congruência de todos os pares de ângulos e a proporcionalidade de todos os pares de lados. É também importante notar que a semelhança dos triângulos requer o postulado paralelo de Euclides.

Note-se o seguinte:

1) Triângulos semelhantes devem ser sempre nomeados de forma a que a ordem das letras indique a correspondência entre os dois triângulos.

2) ΔABC ~ ΔDEFse e só se

    i. $\angle A \equiv \angle D, \angle B \equiv \angle E, \angle C \equiv \angle F$

    ii. $\dfrac{AB}{DE} = \dfrac{BC}{EF} = \dfrac{CA}{FD}$

3) O valor comum de cada rácio em (ii) é designado por constante de proporcionalidade, denotado por k.

4) Se dois triângulos são congruentes, então são necessariamente semelhantes com a sua constante de proporcionalidade k = 1

Teorema 2.4.2 (Angle-Angle, teorema da similaridade AA): Se dois ângulos de um triângulo são congruentes com os dois ângulos correspondentes de outro triângulo, então os triângulos são semelhantes.

Restatement: Dados dois triângulos Δ**ABC** e Δ**DEF**se $\angle A \equiv \angle D$e $\angle B \equiv \angle E$. Depois Δ**ABC** ~ Δ**DEF**

Comprovação: Tendo em conta dois triângulos Δ**ABC** e Δ**DEF**de tal modo que $\angle A \equiv \angle D$e $\angle B \equiv \angle E$. Temos de mostrar que 1) $\angle C \equiv \angle F$ 2) $\dfrac{AB}{DE} = \dfrac{BC}{EF} = \dfrac{CA}{FD}$

1. Trivial do ângulo soma de um triângulo

2. Referindo-se à figura abaixo, se$\overline{AB} \equiv \overline{DE}$então $\Delta ABC \equiv \Delta DEF$ pelo teorema da congruência da ASA. Depois$\Delta ABC \sim \Delta DEF$. Se não, então também não $AB > DE$ ou$AB < DE$. Sem perda de generalidade, vamos supor que$AB > DE$.

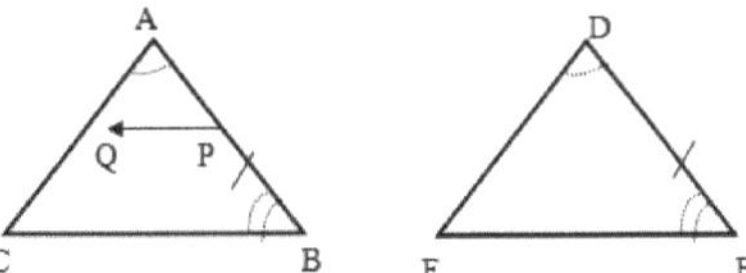

Fig 2.4.1

Depois existe um ponto P sobre $\overline{AB}$ de tal modo que A-P-B e$\overline{AP} \equiv \overline{DE}$. Por axioma de construção em ângulo, existe um ponto Q no semi-plano determinado por$\overrightarrow{AB}$ contendo C tal que $\angle APQ \equiv \angle DEF$.

Desde$\angle ABC \equiv \angle DEF$, $\angle DEF \equiv \angle ABC$, $\angle DEF \equiv \angle APQ$ (por transitividade).

Assim, $\overline{PQ} \parallel \overline{BC}$ (os ângulos interiores alternativos são congruentes). Desde $\overrightarrow{PQ}$ não atravessa os vértices ΔABC e não se intersecta$\overline{BC}$deve intersectar-se $\overline{AC}$ em algum momento R. Assim, $\Delta APR \equiv \angle DEF$ pela ASA.

Por conseguinte, $\overline{AP} \equiv \overline{DE}$, $\overline{PS} \equiv \overline{EF}$ e $\overline{RA} \equiv \overline{FD}$. Mas $\overline{PR} \parallel \overline{BC}$ como R ∈ PQ e$\overline{PR} \parallel \overline{BC}$. Decorre então do teorema 2.4.3 que$\frac{DE}{AB} = \frac{EF}{BC} = \frac{FD}{CA}$.

Por conseguinte, $\Delta ABC \sim \Delta DEF$.

Teorema 2.4.3 (Side-Angle-Side, SAS similarity theorem): Se dois lados e o ângulo incluído de um triângulo forem congruentes com os dois lados correspondentes e o ângulo incluído de outro triângulo, então os triângulos são semelhantes.

Restatement: Dadas duas triangulações, ΔABC e ΔDEFDeixe o ABC, se $\angle A \equiv \angle D$e $\frac{AB}{DE} = \frac{AC}{DF} = k$e. Depois $\Delta ABC \sim \Delta DEF$.

Comprovação: Dadas duas triangulações $\Delta \mathbf{ABC}$ e $\Delta \mathbf{DEF}$ como na figura abaixo, de modo a que $\angle A \equiv \angle D$e $\frac{AB}{DE} = \frac{AC}{DF} = \mathbf{k}$. Temos de mostrar que $\Delta \mathbf{ABC} \sim \Delta \mathbf{DEF}$ ou seja:

   1) $\angle B \equiv \angle E$, $\angle C \equiv \angle F$

2) $\frac{CA}{FD} = k$.

Mas, pelo teorema 2.5.2, é suficiente mostrar apenas 1.

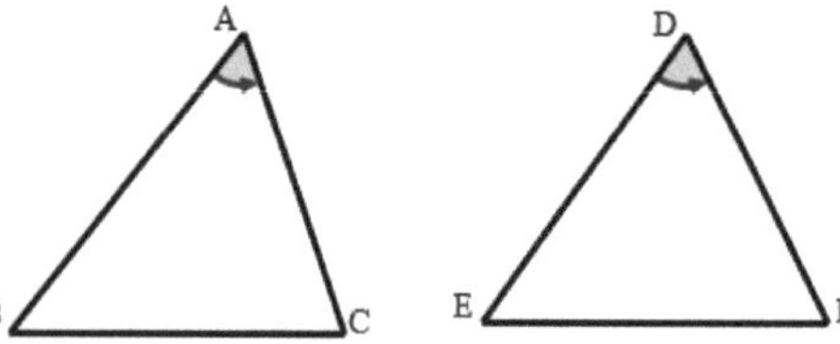

Fig 2.4.2

Uma vez que é dado que$\angle A \equiv \angle D$é suficiente para demonstrar que $\angle B \equiv \angle E$. Que P e Q sejam dois pontos sobre$\overrightarrow{AB}$ e$\overrightarrow{AC}$ respectivamente, de modo a que$\overline{AP} \equiv \overline{DE}$ e$\overline{AQ} \equiv \overline{DF}$ (Isto é possível através do axioma da construção de segmentos).

Depois, como mostra a figura, $\Delta APQ \equiv \Delta DEF$ pela SAS. Daí .$\angle APQ \equiv \angle DEF$

A partir de$\frac{AB}{DE} = \frac{AC}{DF} = k$, $\overline{AP} \equiv \overline{DE}$ e$\overline{AQ} \equiv \overline{DF}$ daí decorre que$\frac{AB}{AP} = \frac{AC}{AQ}$. Assim,$\overline{PQ} \parallel \overline{BC}$ pelo teorema 2.4.4 e, por conseguinte$\angle APQ \equiv \angle ABC$. Assim,$\angle DEF \equiv \angle ABC$por transitoriedade. Por conseguinte, $\Delta ABC \sim \Delta DEF$por similaridade AA.

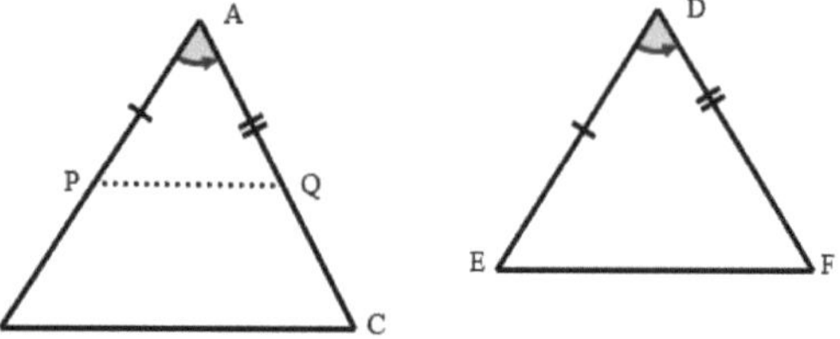

Fig 2.4.3

Teorema 2.4.4 (Lado Lateral, Teorema da semelhança SSS): Se dois triângulos forem tais que os lados correspondentes sejam proporcionais, então os dois triângulos são semelhantes.

Restatement: Dado emΔABC, ΔDEFe uma correspondência ABC $\leftrightarrow$ DEF.

Se$\frac{AB}{DE} = \frac{BC}{FF} = \frac{CA}{FD}$ então $\Delta ABC \sim \Delta DEF$.

Comprovação: Dadas duas triangulações $\Delta \mathbf{ABC}$ e $\Delta \mathbf{DEF}$ como na figura abaixo, de modo a que$\frac{AB}{DE} = \frac{BC}{FF} = \frac{CA}{FD} = \mathbf{k}$. Temos de mostrar que $\Delta \mathbf{ABC} \sim \Delta \mathbf{DEF}$.

Que P seja um ponto sobre$\overline{AB}$. ℓ Seja a linha que atravessa P paralelamente a $\overline{BC}$como se pode ver na figura. Se $\ell // \overline{AC}$., então $\overline{BC} \parallel \overline{AC}$o que é falso. Por conseguinte, ℓ intersecta $\overline{AC}$ num ponto Q.

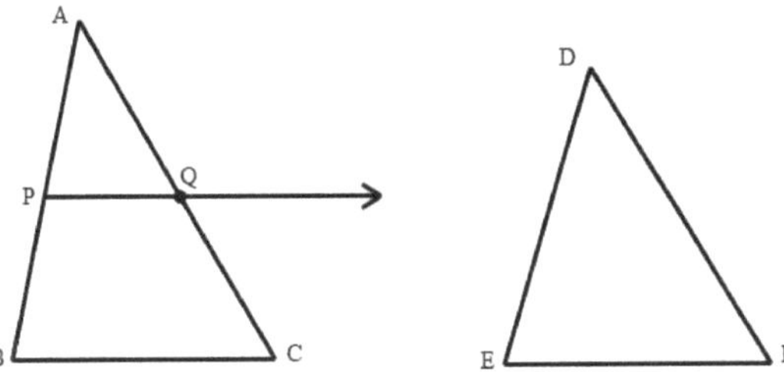

Fig 2.4.3

Agora $\angle APQ \equiv \angle B$. Assim, $\Delta APQ \sim \Delta ABC$ (justificar).

Assim,$\frac{AP}{AB} = \frac{PQ}{BC} \frac{AQ}{AC}$.

$$\Rightarrow \frac{BP}{AP} = \frac{AQ}{BC} = \frac{BC}{PQ}.$$

Assim,$\overline{AP} \equiv \overline{PQ}$ e $\Delta ABC \equiv \Delta DEF$ pelo TMCD (justificar).

Por conseguinte, $\Delta ABC \sim \Delta DEF$.

Teorema 2.4.5: O bissector de um ângulo de um triângulo divide o lado oposto em segmentos que são proporcionais aos lados adjacentes.

Restatement: Se em $\Delta \mathbf{ABC}$, $\overrightarrow{\mathbf{AD}}$é o bissector de $\angle \mathbf{BAC}$ em que $\mathbf{D}$ é o ponto $\mathbf{D}\overline{\mathbf{BC}}$então $\frac{AB}{AC} = \frac{BD}{CD}$.

Comprovação: Esquerda como um exercício.

Teorema 2.4.6: Num triângulo à direita, se a hipotenusa for atraída para uma altitude, então

(i) O triângulo está dividido em dois triângulos rectos semelhantes e, que também são semelhantes um ao outro.

(ii) A altitude é a média proporcional entre os segmentos da hipotenusa.

(iii)Cada perna é a média proporcional entre a hipotenusa e o segmento da hipotenusa adjacente à perna.

Comprovação: Deixemos $\Delta\mathbf{ABC}$ ser um triângulo rectângulo com ângulo recto em **C** e $\overline{\mathbf{CD}}$ ser altitude até à hipotenusa$\overline{\mathbf{AB}}$.

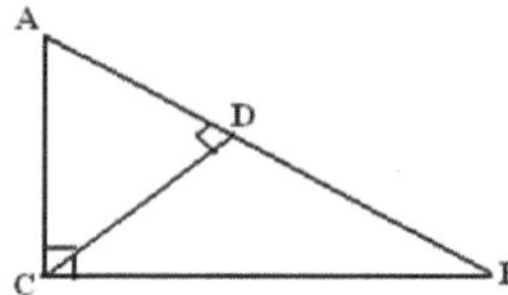

Fig 2.4.4

i) Depois$\angle$ACD e$\angle$CBD são congruentes, uma vez que são complementos do mesmo ângulo$\angle$CAB. Do mesmo modo$\angle$CAD $\equiv \angle$CBD. Assim,ΔABC$\sim\Delta$ACD e ΔABC$\sim\Delta$CBD por teorema de similaridade AA. DepoisΔACD$\sim\Delta$CBD.

ii) A partir deΔACD$\sim\Delta$CBDSegue-se o seguinte, $\frac{CD}{BD} = \frac{AD}{CD}$ i.e. $CD^2 = AD.BD$

iii) A partir deΔABC$\sim\Delta$ACDse assim for, $\frac{AB}{AC} = \frac{AC}{AD}$ i.e. $AC^2 = AB.AD$ e de ΔABC$\sim\Delta$CBDtemos $\frac{AB}{CB} = \frac{BC}{BD}$ ou seja $BC^2 = AB.BD$.

2.6.Teorema de Pitágoras

Em matemática, o Teorema de Pitágoras é uma relação em geometria euclidiana entre os três lados de um triângulo em ângulo recto (em suma, chamado triângulo direito). Encerramos este capítulo com este teorema certamente mais famoso da geometria euclidiana, um teorema que produziu números tão inescrutáveis a ponto de ser chamado de irracional.

Teorema 2.5.1 (Teorema de Pitágoras):

Em qualquer triângulo direito, o quadrado do comprimento da hipotenusa é a soma do quadrado do comprimento dos outros dois lados.

Restatement: let **ABC** ser triângulo de ângulo recto com ângulo recto no vértice C e ter pernas de comprimento a e b e hipotenusa de comprimento c, e $\mathbf{a^2 + b^2 = c^2}$

Comprovação: $\triangle ABC$ Seja um triângulo rectângulo com ângulo recto em C. Atitude de desenho $\overline{CD}$ do vértice C para o lado $\overline{AB}$. Rotular os lados como indicado na figura 2.5.1.

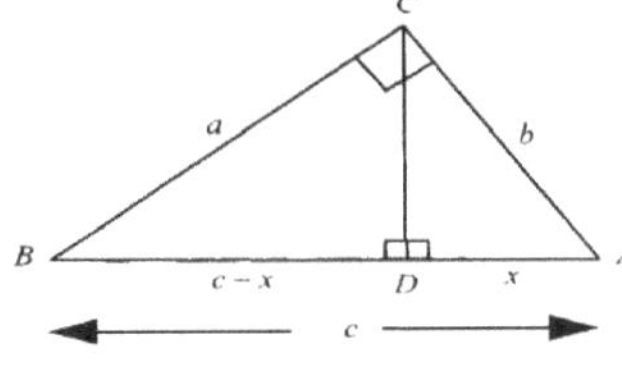

Fig 2.5.1

Considere $\triangle$CDA, $\triangle$CDB e $\triangle$BCA

    1. $\triangle$CDA~$\triangle$BCA por teorema de similaridade de AA (justificar)

    2. $\triangle$CDB~$\triangle$BCA por teorema de similaridade de AA (justificar)

    Agora, no formulário 1, temos $\frac{x}{b} = \frac{b}{c} \Longrightarrow b^2 = xc$

    A partir de 2 temos $\frac{c\text{-}x}{a} = \frac{a}{c} \Longrightarrow a^2 = c(c\text{-}x)$

    Combinando os dois, obtemos $a^2 + b^2 = c^2$

Note-se que: da prova acima referida pode-se facilmente ver que a atitude em relação à hipotenusa de um triângulo direito o divide em dois triângulos, cada um dos quais é semelhante a ele.

Teorema 2.5.2 (Teorema do Converso de Pitágoras):

Dado um triângulo cujos lados têm comprimento a, b e c. Se $a^2 + b^2 = c^2$ o triângulo é um triângulo angular recto com o seu ângulo recto que se opõe ao lado do comprimento. c.

Comprovação: Dado em $\triangle$**ABC** cujos lados têm comprimento **a, b** e **c** de tal modo que $\mathbf{a^2 +}$ $\mathbf{b^2 = c^2}$. Depois temos de mostrar que $\triangle$**ABC** é o triângulo direito.

Que $\angle$E ser um ângulo recto e deixar que D e F sejam pontos nos lados de $\angle$E de tal modo que $\overline{ED} = a$ e $\overline{EF} = B$ como se vê na figura.

Depois, pelo teorema de Pitágoras $EF^2 = a^2 + b^2 \Longrightarrow EF = \sqrt{a^2 + b^2} = c^2$

Mas $\triangle ABC \equiv \triangle DEF$ pelo teorema da congruência do SSS

$\Rightarrow \angle C \equiv \angle F$ (Ângulos correspondentes de triângulos congruentes)

Assim, $\triangle ABC$ é o triângulo direito.

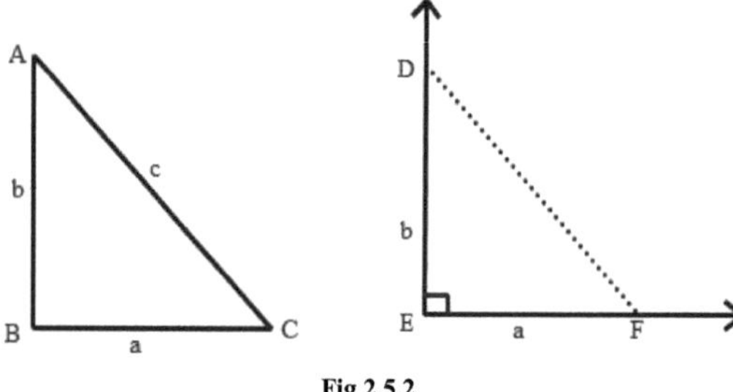

Fig 2.5.2

Teorema 2.5.3: Para triângulos semelhantes, o rácio de quaisquer duas altitudes correspondentes é igual ao rácio de quaisquer dois lados correspondentes.

Restatement: Suponhamos que $\triangle ABC \sim \triangle DEF$. Seja p o comprimento da altitude de A a $\overleftrightarrow{BC}$ e que q seja o comprimento da altitude de D a $\overleftrightarrow{EF}$. Então, $\frac{p}{q} = \frac{AB}{DE}$

Comprovação: Dado em $\triangle ABC \sim \triangle DEF$. Let $\overline{AG}$ e $\overline{AG}'$ ser as atitudes com comprimento p e q, respectivamente. Precisamos de mostrar que $\frac{p}{q} = \frac{AB}{DE}$.

Se B = G então E = G".Não há nada a provar. Caso contrário, $\triangle ABG \sim \triangle DEG$". por teorema de similaridade AA.

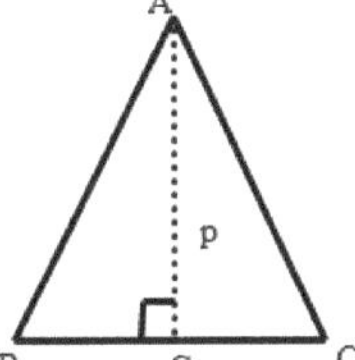 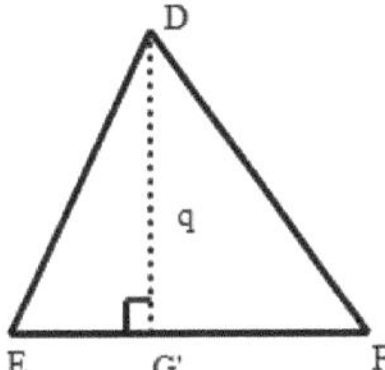

Fig 2.5.2

Teorema 2.5.6: A área de um triângulo rectângulo é metade do produto do comprimento das pernas.

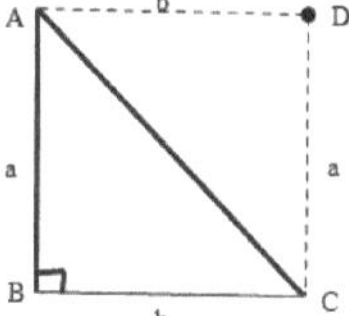

Fig 2.5.3

Comprovação: Dado em Δ**ABC**com um ângulo recto no vértice B. Que D seja o ponto tal que ABCD seja um rectângulo. Pelo postulado aditivo, Area (ABCD) = Area (Δ**ABC**) + Área (Δ**ADC**). Pelo postulado de congruência, Área ((Δ**ABC**) = Área (Δ**ADC**).

Pela fórmula da área rectangular, Area (ABCD) = ab.

Por conseguinte, $2\text{Area}(\Delta ABC) = ab$ e Área $(\Delta ABC) = \frac{1}{2}ab$

Teorema 2.5.7: A área de um triângulo é metade do produto de qualquer base e a altitude correspondente.

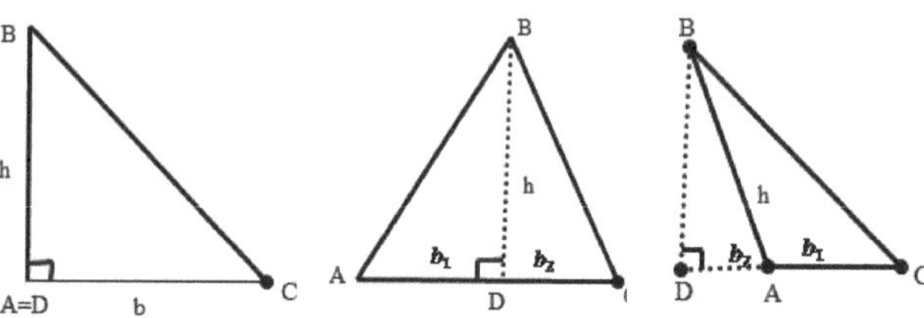

Fig 2.5.4

Comprovação: Dado emΔABC. Que D seja o pé da perpendicular de B a$\overleftrightarrow{AC}$; deixe AC = **b** e deixar**BD** = **h** (como em cada um dos números). Há, essencialmente, três casos a considerar.

1. Se A = D, entãoΔABC é um triângulo rectângulo e $A(\Delta ABC) = \frac{1}{2}b.h$ (por Theorem 2.6.6).

2. A-D-C. Let AD = b_1 e DC = b_2 então, por Theorem 2.6.6, temos $A(\Delta ABC) = \frac{1}{2}b_1.h$ e $A(\Delta BDC) = \frac{1}{2}b_2.h$. Pelo postulado de aditividade, $A(\Delta ABC) = A(\Delta BDA) + A(\Delta BDC)$.

   Assim, $A(\Delta ABC) = \frac{1}{2}b_1.h + \frac{1}{2}b_2.h = \frac{1}{2}(b_1 + b_2)h = \frac{1}{2}b.h$

3. Exercício

   Assim, em todos os casos $A(\Delta ABC) = \frac{1}{2}b.h$

A prova dos dois teoremas seguintes decorre directamente do rácio de área dos dois triângulos. Assim, deixados como exercício

Teorema 2.5.8: Se dois triângulos tiverem a mesma altitude, então a razão das suas áreas é igual à razão das suas bases.

Teorema 2.5.9: Se dois triângulos têm a mesma base, então o rácio das suas áreas é o rácio das suas altitudes correspondentes. O teorema seguinte é um corolário de cada teorema anterior.

Teorema 2.5.10: Se dois triângulos forem semelhantes, então o rácio das suas áreas é o quadrado do rácio de quaisquer dois lados correspondentes.

Restatement: seΔABC $\sim$ ΔDEF então$\frac{A(\Delta ABC)}{A(\Delta DEF)} = (\frac{AB}{DE})^2 (\frac{BC}{EF})^2 = (\frac{CA}{FD})^2$.

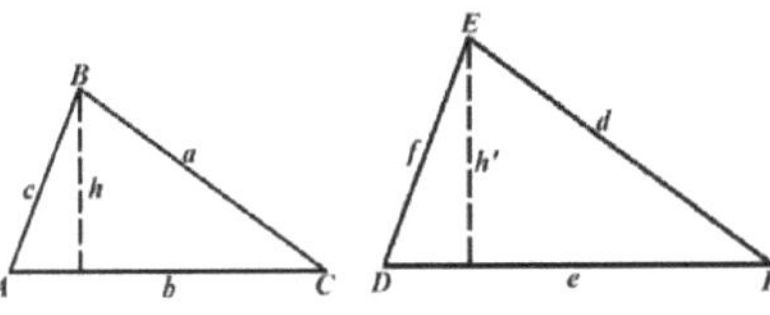

Fig 2.5.5

Comprovação: deixar as altitudes do vértice B para o lado $\overline{AC}$ de ΔABC ser **h** e reunir $\overline{AC}$ no ponto P. do mesmo modo, as altitudes do vértice E para o lado $\overline{DF}$ de ΔDEF ser **h'** Encontrar-se em $\overline{DF}$ no ponto Q, como indicado na figura.

Depois $\Delta BPC \sim \Delta EQF$ (justificar). Depois $\frac{h}{h'} = \frac{a}{d} = \frac{b}{e}$. Novamente $\Delta BPA \sim \Delta EQD$ (justificar). Depois $\frac{h}{h'} \frac{a}{d}$ (lados correspondentes de triângulos semelhantes). A partir das hipóteses, temos $\frac{a}{d} = \frac{b}{e} = \frac{c}{f}$. Assim, $\frac{h}{h'} = \frac{a}{d} = \frac{b}{e} = \frac{c}{f}$ Sabemos pelo teorema 2.6.7 que o temos:

$$\frac{A(\Delta ABC)}{A(\Delta DEF)} = \frac{\frac{1}{2}b_1 . h}{\frac{1}{2}b_2 . h'} = \frac{b_1}{b_2} . \frac{h}{h'}$$

$$\frac{A(\Delta ABC)}{A(\Delta DEF)} = \frac{b}{e} . \frac{h}{h'} = \left(\frac{b}{e}\right)^2 = \left(\frac{a}{d}\right)^2 = \left(\frac{c}{f}\right)^2$$

Exercício 2.5.11

1. Provar que se duas linhas forem cortadas por um ângulo transversal e dois ângulos correspondentes são congruentes, então as linhas são paralelas

2. Provar que, em ΔABC Se D e E estiverem do lado *AB* e *CB*, de tal forma que $\frac{BA}{BD} = \frac{BC}{BE} = \frac{1}{2}$ a linha DE é paralela à linha AC e $DE = \frac{1}{4} AC$

3. Provar que se os triângulos ABC e *A'B'C'* forem semelhantes e a relação dos lados correspondentes for r, então a relação dos comprimentos dos ângulos bis e *A'* é também r.

4. Se duas linhas paralelas forem cortadas por uma transversal, cada par de ângulos interiores deitados do mesmo lado da transversal é suplementar.

87

5. Suponhamos que as diagonais de um quadrilátero convexo *ABCD* se intersectam num ponto *P* e que AP ≡ BP ≡ CP ≡ DP.

6. Provar que a similaridade dos polígonos é uma relação de equivalência.

7. A média geométrica de dois números a e b é definido como $\sqrt{ab}$. Let ΔABCser um triângulo rectângulo com ângulo recto em C e deixar D ser o ponto em AB para que o CD seja perpendicular ao AB. Verifique se |CD| é a média geométrica de |AD| e |BD|.

Capítulo 3

3. Geometria Hiperbólica

3.1.Introdução à Geometria Hiperbólica

Nesta secção, vamos supor que existe um sistema matemático que satisfaz os postulados de geometria não euclidiana. O termo geometria não euclidiana é utilizado num sentido muito restrito. Não designa nenhuma geometria que não seja idêntica à geometria de Euclides. A geometria não euclidiana difere da geometria de Euclid porque substitui outra alternativa para o seu chamado quinto postulado.

A geometria não euclidiana forneceu a Einstein um modelo adequado para o seu trabalho sobre a relatividade. Embora também tenha aplicações em geometria diferencial e noutras áreas, também vale a pena por outras razões. A verdadeira compreensão do conceito de postulado por vezes só surge quando uma pessoa começa com postulados que não são evidentes por si mesmos. Na geometria não euclidiana, geralmente não é possível confiar na intuição ou em desenhos na mesma medida em que o é para a geometria euclidiana. Finalmente, a geometria não euclidiana, ao contrário da geometria projectiva ou topologia, é significativa na medida em que é algo mais do que uma generalização da geometria euclidiana. A geometria não euclidiana não inclui a geometria ordinária como um caso especial.

A geometria hiperbólica foi descoberta independentemente por um russo, Nikolai Lobachewsky (1793-1856), e, mais ou menos ao mesmo tempo, por um húngaro, Johann Bolyai (1802-1860). Os resultados foram publicados por volta de 1830. O desenvolvimento da geometria hiperbólica neste capítulo baseia-se em todos os pressupostos e termos indefinidos da geometria euclidiana moderna, com excepção da seguinte substituição do postulado paralelo, identificado como o postulado característico da geometria hiperbólica.

Um **segmento (linha)** no plano hiperbólico será o segmento ou arco entre dois pontos de uma linha hiperbólica; referimo-nos à distância entre os dois pontos finais também como o comprimento do segmento. Com esta definição, podemos agora falar de polígonos no plano hiperbólico, e em particular de triângulos.

89

3.2. O modelo Poincare

Um modelo de disco devido a Henri Poincare (1854 -1912) também representa pontos do plano hiperbólico pelos pontos interiores a um círculo euclidiano. γmas as linhas estão representadas de forma diferente. Primeiro, todas as cordas abertas que passam pelo centro O de γ' (ou seja, todos os diâmetros abertos l de γ) representam linhas. As outras linhas são representadas por arcos abertos de círculos ortogonais a γ. Mais precisamente, deixemos δ ser um círculo ortogonal a γ (em cada ponto de intersecção de γe δ os raios de γe δatravés desse ponto são perpendiculares). Depois intersectando δ com o interior de γdá um arco aberto m, que por definição representa uma linha hiperbólica no modelo Poincare. Por isso vamos chamar *linha Poincare*, ou "linha P", quer seja um diâmetro aberto l de γou um arco circular aberto m ortogonal a γ(ver figura 3.2. 1).

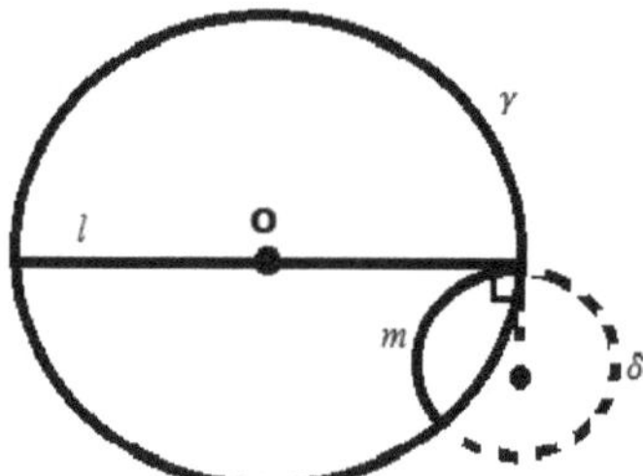

Figura 3.2.1

Figura3.2. 2

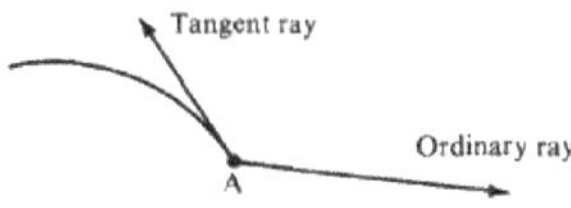

Figura 3.2.3

Um ponto interior a y "jaz" numa linha de Poincare, se estiver sobre ela no sentido Euclidiano. Da mesma forma, "entre" tem a sua interpretação euclidiana habitual (para A, B e C num arco aberto proveniente de um círculo ortogonal δ com centro P, B está entre A e C se $\overrightarrow{PB}$ situa-se entre $\overrightarrow{PA}$ e $\overrightarrow{PC}$).

A interpretação da congruência para segmentos no modelo Poincare é complicada, sendo baseada numa forma de medir o comprimento que é diferente da habitual forma euclidiana. No entanto, a congruência para os ângulos tem o habitual significado euclidiano, sendo esta a principal vantagem do modelo Poincare. Especificamente, se dois arcos circulares dirigidos se intersectam num ponto A, o número de graus no *ângulo que* fazem é por definição o número de graus no ângulo entre os seus raios tangentes em A (ver Figura 3. 2). Ou, se um arco circular dirigido intersectar um raio vulgar em A, o número de graus no *ângulo que fazem é, por* definição, o número de graus no ângulo entre o raio tangente e o raio vulgar em A (ver figura 3.2.3).

Tendo interpretado todos os termos indefinidos da geometria hiperbólica no modelo de Poincare, obtemos (por substituição) interpretações de todos os termos definidos. Por exemplo, duas linhas de Poincare são *paralelas se* e só se não tiverem qualquer ponto em comum. Então todos os axiomas da geometria hiperbólica são traduzidos em declarações em geometria euclidiana. Assim, o modelo de Poincare fornece outra prova de que se a geometria euclidiana é consistente, a geometria hiperbólica também o é.

Os raios paralelos limitantes no modelo Poincare são ilustrados na Figura 3.4. Aqui escolhemos *l para* ser um diâmetro aberto **A)** **(B**; os raios são arcos circulares que se encontram $\overrightarrow{AB}$ em A e B e são tangentes a esta linha nesses pontos. Pode-se ver como estes raios se aproximam assimmptoticamente à medida que se avança em direcção aos pontos ideais representados por A e B. *Figura 3.2. 5* ilustra duas linhas paralelas de Poincare com uma perpendicular comum. O diagrama mostra como *m* diverge de *l em* ambos os lados do

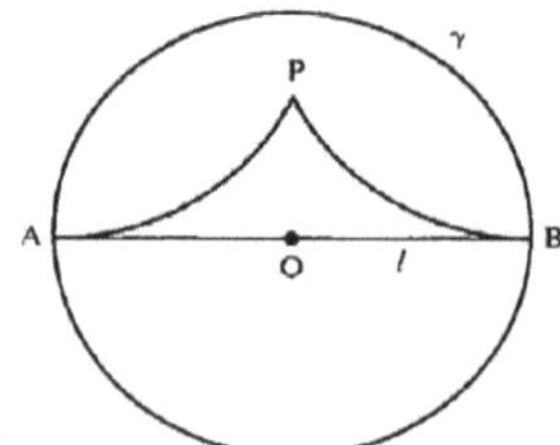

PO perpendicular comum.

Figura3.2.4

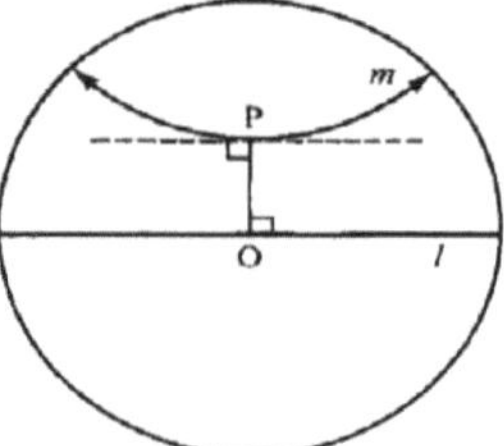

Figura3.2. 5

Actividade:

1. Listar e discutir os termos indefinidos no Modelo Poincare.
2. Discutir a diferença entre a geometria euclidiana e não euclidiana; se houver.

♣ Caro leitor, se não puder reagir à actividade acima referida, é aconselhável regressar e ler atentamente esta secção antes de passar à secção seguinte.

3.3.O postulado paralelo hiperbólico

O desenvolvimento da geometria hiperbólica neste capítulo baseia-se em todos os pressupostos e termos indefinidos da geometria euclidiana moderna, com excepção da seguinte substituição do postulado paralelo, identificado como o postulado característico da geometria hiperbólica.

Postulado Característico: Através de um determinado ponto C, e não numa determinada linha $\overrightarrow{AB}$ passa mais do que uma linha no plano que não intersecta a linha em questão.

A relação descrita no postulado característico está ilustrada na figura 3.3.6. Se for assumido que $\overrightarrow{CD}$ e $\overrightarrow{CE}$são duas linhas distintas através de C e que nenhuma delas se intersecta $\overrightarrow{AB}$

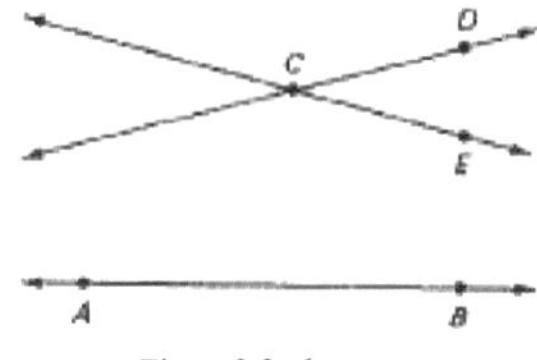

Figura3.3. 6

O seguinte lema (resultado preliminar) é a primeira consequência importante do axioma hiperbólico.

Lemma 3.3.1: Os rectângulos não existem.

Teorema 3.3.1 (Teorema Hiperbólico Universal): Em geometria hiperbólica, para cada linha l e cada ponto P não em l, passam por P pelo menos dois paralelos distintos a l.

Comprovação:

Queda perpendicular $\overrightarrow{PQ}$ a l e erguer a linha m através de P perpendicular a $\overrightarrow{PQ}$. Que R seja outro ponto em l, erga perpendicularmente t a l através de R, e caia perpendicular $\overrightarrow{PS}$ a t (ver figura 3.3.7). Agora $\overrightarrow{PS}$ é paralelo a l, uma vez que ambos são perpendiculares a t. Afirmamos que m e $\overrightarrow{PS}$são linhas distintas. Suponhamos, pelo contrário, que S se situa em m. Então □ PQRS é um rectângulo. Isto contradiz Lemma 3.3.1.

.

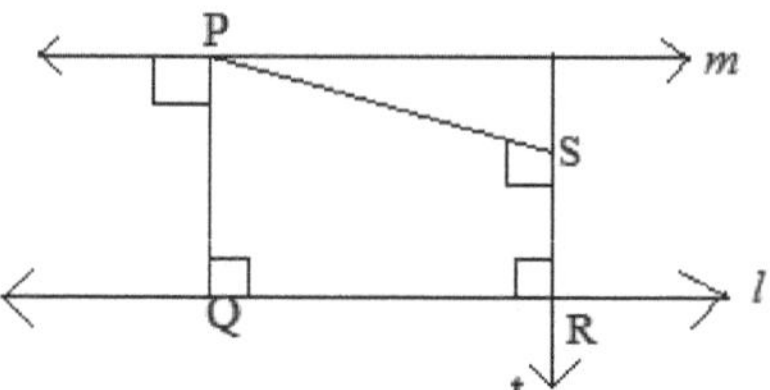

Figura 3.3.7

Teorema 3.3.2: Na geometria hiperbólica, se *l* e *l'* forem linhas paralelas distintas, qualquer conjunto de pontos em *l* equidistantes de *l'* tem no máximo dois pontos.

Comprovação:

Suponhamos, pelo contrário, que existe um conjunto de três pontos A, B e C em *l* equidistantes de *l''*. Os quadriláteros A'B'BA, A'C'CA e B'C'CB são quadriláteros Saccheri (os ângulos de base são ângulos rectos e os lados são congruentes).

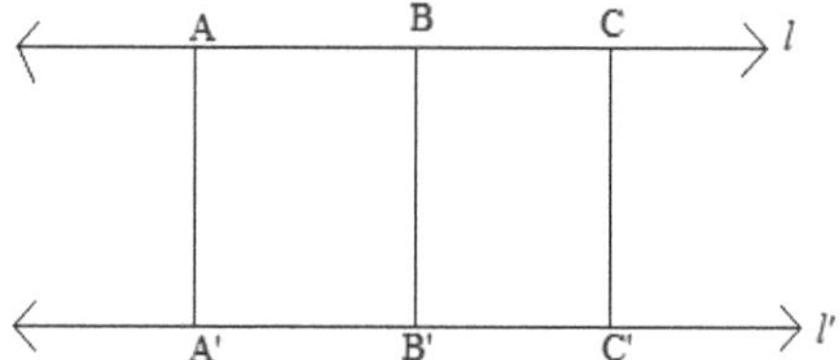

Figura3.3. 8

Depois   AA' ≡ 'BB' ≡ CC'…e, ∠A'AB ≡ ∠B'BA, ∠A'AC ≡ ∠C'CA, ∠B'BC ≡ ∠C'CB. Por transitividade, conclui-se que os ângulos suplementares∠B'BA e∠B'BC são congruentes entre si; por conseguinte, por definição, são ângulos rectos. Portanto, estes quadriláteros Saccheri são todos rectângulos. Mas os rectângulos não existem em geometria hiperbólica (Lemma 3.3.1). Esta contradição mostra que A, B, e C não podem estar equidistantes de *l'*.

Teorema 3.3.3: Na geometria hiperbólica, se *l* e *l'* forem linhas paralelas para as quais existe um par de pontos A e B em *l* equidistantes de *l'*, então o *"l''"* terrestre tem um segmento perpendicular comum que é também o segmento mais curto entre *l* e *l'*.

Comprovação:

Suponhamos que A e B em *l* estão equidistantes de *l''*. Depois □A'B'BA é um quadrilátero Saccheri, em que A' e B' são os pés em *l'* das perpendiculares de A e B. Seja M o ponto médio de AB e M' o ponto médio de A'B' (ver figura3.3.9). O teorema seguirá o do próximo lema.

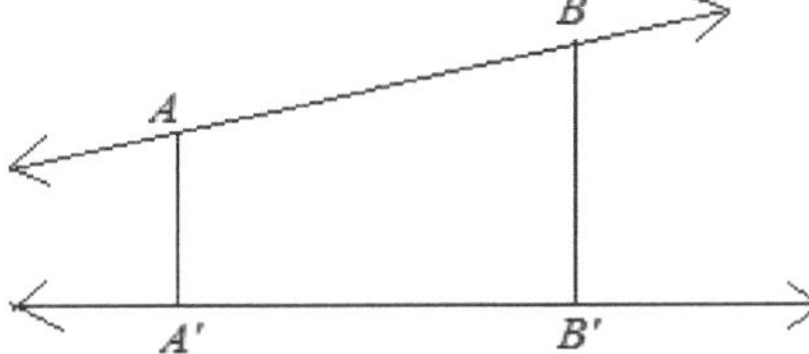

Figura3.3. 9

Definição 3.2: Todas as outras linhas que atravessam um ponto que não intersecta a linha em causa, com excepção das duas linhas paralelas, são linhas não-intersectantes.

Teorema 3.3.4: Através de um ponto C não numa dada linha $\overrightarrow{AB}$ passar um número infinito de linhas que não intersectam a linha em questão.

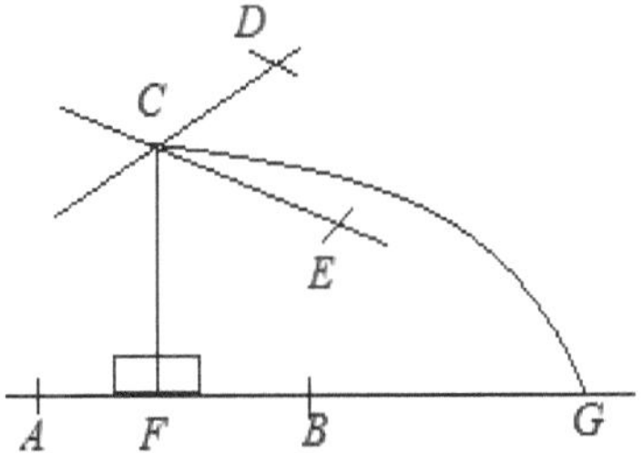

Figura 3.3.10

Comprovação

Há um número infinito de linhas que passam por C e pelo interior do ângulo *DCE* na figura 3.3.6. Para a figura 3.3.10, deixe $\overrightarrow{CF}$ ser a perpendicular de C. e assumir que $\overrightarrow{CG}$Qualquer uma destas linhas interiores, intercepta$\overrightarrow{AB}$. Isto significa que $\overline{CE}$ deve também intersectar $\overrightarrow{FC}$ pelo axioma de "*Pasch*", que continua a ser mantido em geometria hiperbólica, uma vez que apenas o axioma de paralelos da geometria euclidiana foi substituído. Recorde-se que o axioma de "Pasch" afirma que uma linha que entra num triângulo num vértice intersecta o lado oposto. Na figura 3.2.7, $\overrightarrow{CE}$entra no triângulo *CFG*. O facto de $\overrightarrow{CE}$ intersects $\overrightarrow{AB}$ contradiz o pressuposto de que é paralelo a $\overrightarrow{AB}$. por isso $\overrightarrow{CG}$não pode lntersectar $\overrightarrow{AB}$.

Nota: Recordar que o axioma de Pasch afirma que uma linha que entra num triângulo num vértice intersecta o lado oposto.

Definição3.3: Em geometria hiperbólica, as primeiras linhas em qualquer direcção através de um ponto que não intersectam uma dada linha são linhas paralelas.

De acordo com estas definições técnicas, existem exactamente dois paralelos através de C a$\overrightarrow{AB}$. $\overrightarrow{CD}$é chamada paralela à mão direita e $\overrightarrow{CE}$ é o paralelo da mão esquerda. O anjo FCD e FCE são os ângulos de paralelismo para a distância FC.

Theorem3.3.5: Os dois ângulos de paralelismo para a mesma distância são congruentes e agudos.

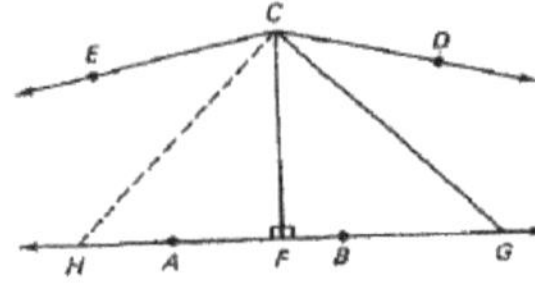

Figura3.3. 11

Comprovação:

Assumir que $\angle$FCE e $\angle$FCD na figura 3.3.11 são ângulos de paralelismo para a FC, mas não são congruentes. Assumir em seguida que $\angle$a DAGF, por exemplo, é maior. Depois há um ângulo $\angle$FCG congruente com a$\angle$FCE e tal que $\overleftrightarrow{CG}$ está no interior da $\angle$DAGF. Se FH = FG então ΔFCG ≡ ΔFCH para que ∠FCH ≡ ∠FCE. Esta contradição porque $\overleftrightarrow{CE}$ não tem qualquer ponto em comum com $\overleftrightarrow{AB}$. Daí ∠DAGF ≡ ∠FCE

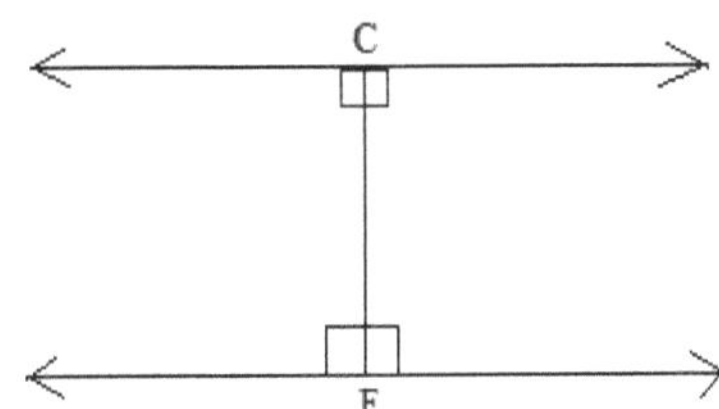

Figura 3.3.12a

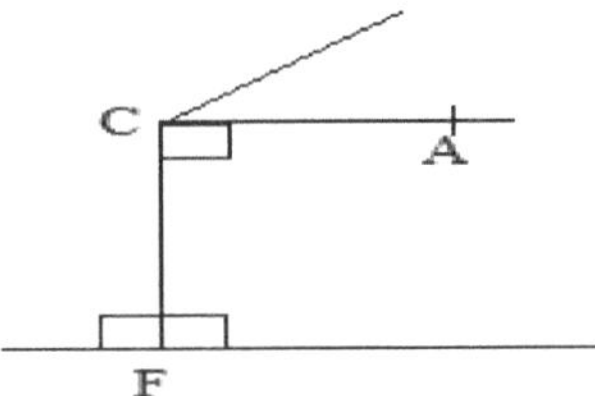

Figura3.3.3.12b

O ângulo de paralelismo não pode ser perpendicular como na figura 3.3.12a porque as duas linhas mostradas não são intersectantes. Além disso, o ângulo não pode ser obtuso, como na figura 3.3.12b, porque então teria uma linha sem intersecção $\overleftrightarrow{CA}$ com no ângulo. Isto contradiria o facto de o paralelo ser definido como a primeira linha não cortante.

Os ângulos de paralelismo na geometria hiperbólica não são correctos nem obtusos, pelo que devem ser agudos. Isto ilustra uma consequência do postulado característico que é radicalmente diferente da afirmação para os ângulos euclidianos de paralelismo cujas medidas têm uma soma de π.

Actividade3.3

1. Em geometria hiperbólica através de um determinado ponto e não numa dada linha, quantas linhas podem ser traçadas nesse plano que são paralelas à linha em questão?

2. Declarar e provar as consequências do postulado paralelo hiperbólico.

3. Indicar a diferença entre o postulado paralelo euclidiano e o do postulado paralelo hiperbólico.

3.4.Soma angular dos triângulos

Um conhecido teorema de geometria euclidiana afirma que, em qualquer triângulo, a soma dos graus de medida dos ângulos é de 180. Sem o postulado paralelo, mostraremos que esta soma é sempre *inferior ou igual a* 180. Um *triângulo hiperbólico* é uma figura no plano hiperbólico delimitada por três segmentos de linha hiperbólicos. Novamente modelamos o plano hiperbólico pelo disco Poincare Φ. Para os triângulos hiperbólicos, temos o seguinte resultado fundamental.

TEOREMA 5. Sob o postulado paralelo hiperbólico, para cada triângulo ABC, temos $m(\angle A) + m(\angle B) + m(\angle C) < 180$.

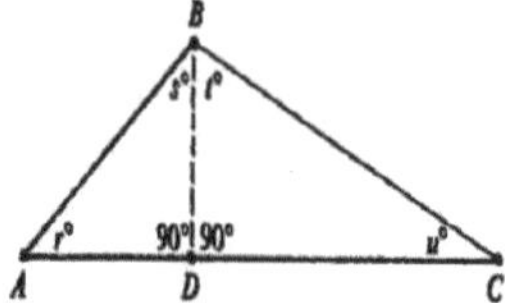

Figura3.4.12

Comprovação.

Que $\overleftrightarrow{AC}$ ser um dos lados mais longos de ΔABC e deixe $\overline{BD}$ ser a altitude de B a AC. Depois

$$r + s + 90 < 180,$$

e

$$t + u + 90 < 180.$$

Por conseguinte; $r + (s + t) + u < 180$o que prova o teorema.

Teorema3.4. 6 . A soma das medidas dos ângulos de um triângulo rectângulo é inferior a π.

Teorema3.4.7. Em geometria hiperbólica, todos os triângulos têm uma soma angular inferior a $180°$.

Comprovação: Preservação dos ângulos, um triângulo hiperbólico arbitrário em Φ pode, por uma reflexão hiperbólica, ser mapeado para um triângulo hiperbólico com O como um dos seus cantos. Nesse triângulo hiperbólico, os cantos que se encontram no canto O são segmentos de diâmetros em Φ; ver figura 3.3.13.

Como a soma dos ângulos do triângulo hiperbólico com os cantos O, P e Q é inferior à soma dos ângulos do triângulo euclidiano com os mesmos cantos, concluímos que também a soma dos ângulos do triângulo hiperbólico original é inferior a 180°. Isto completa a prova do Teorema 3.7.

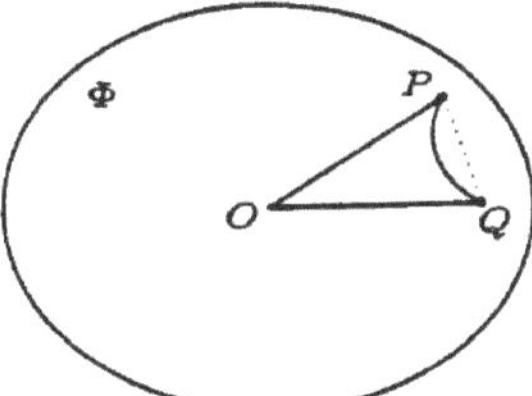

Figura 3.4.13

Teorema 3.4.8 Se ΔABC tem uma soma angular inferior a 180 e D é qualquer ponto do lado *BC,* então ambos **ΔABD e ΔADC** têm uma soma angular inferior a 180.

Corolário3.4.1. Em geometria hiperbólica, todos os quadriláteros convexos têm uma soma angular inferior a 360°.

Comprovação

Dado qualquer quadrilátero □ABCD (Figura 3.4.14). Tomar AC diagonal e considerar os triângulos ABC e ACD; pelo teorema, estes triângulos têm uma soma angular < 1800. A hipótese de que □ABCD é convexo implica que $\overrightarrow{AC}$ situa-se entre $\overrightarrow{AB}$ e $\overrightarrow{AD}$ e que $\overrightarrow{CA}$ situa-se entre $\overrightarrow{CB}$ e $\overrightarrow{CD}$ para que

$$(< BAC)° + (< CAD)° = (< BAD)° \; and \; (< ACB)^o + (< ACD)^o$$

= (< BCD)°(por Se $\overleftrightarrow{AC}$é interior a (< DAB), então (< DAB)° = (< DAC)° + (< CAB)°). Ao adicionar os seis ângulos, vemos que a soma dos ângulos de □ABCD é inferior a 360°.

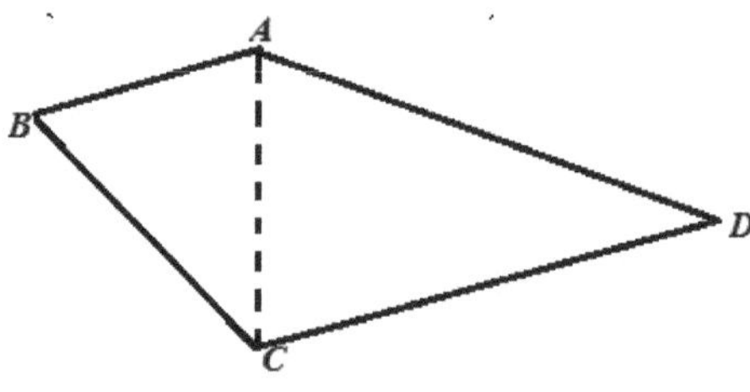

Figura3.4. 14

3.5.O defeito de um triângulo, o triângulo fechado e o colapso do teorema da semelhança

Definição3.5. A diferença entre π e a soma dos ângulos é chamada de *defeito*.

Por exemplo, se a soma angular fosse $\frac{19\pi}{20}$ o defeito seria $\frac{\pi}{20}$.

Especificamente, o defeito de ΔO ABC é definido como 180 - (m(<A + m(<B) + m(<C)).

O defeito de ΔO ABC é designado por δΔABC. Sob o postulado hiperbólico paralelo sabemos que o defeito de qualquer triângulo é positivo, e obviamente é inferior a 180. (Mais tarde veremos que o inverso se mantém: cada número entre 0 e 180 é o defeito de algum triângulo).

Teorema3.5.9. Dado ΔABC, com B-D-C. Depois

δΔABC = δΔABD + δΔADC.

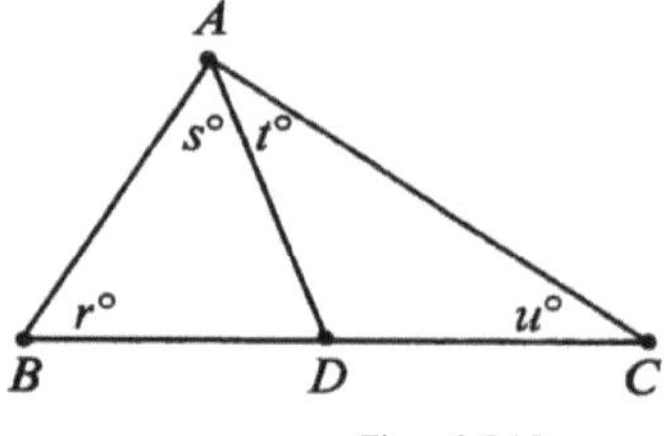

Figura3.5.15

100

Teorema 3.5.10. Sob um postulado paralelo hiperbólico, qualquer semelhança é uma congruência. Ou seja, se

$\Delta ABC \sim \Delta.DEF$, então $\Delta ABC \equiv \Delta DEF$.

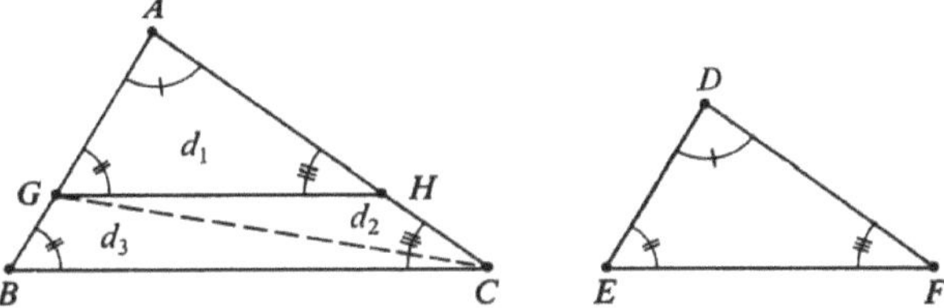

. Figura3.5.16a	Figura3.5.16b

Primeiro assumimos G $\overrightarrow{AB}$ para que AG = DE; e nós assumimos H $\overrightarrow{AC}$ para que

AH = DF. Temos então $\Delta AGH \cong \Delta.EDF$, pela SAS; por conseguinte

$\Delta.AGH \sim \Delta ABC$. Se G = B, então H = C, e o teorema a seguir.

Teorema 3.5.11. Na geometria hiperbólica existe uma constante k positiva tal que, para qualquer ΔABC

$$\text{área}(\Delta ABC) = \frac{\pi}{180}k2(\text{defeito}(ABC)).$$

Corolário 3.5.2. Em geometria hiperbólica, a área de qualquer triângulo é, no máximo $\pi\mathbf{k}^2$.

3.6. Paralelos que admitem um perpendicular comum

Teorema 3.6.12 . Em geometria hiperbólica, se *eu* e *eu"* forem quaisquer linhas paralelas distintas, então qualquer conjunto de pontos em *I* equidistante de *I"* tem, no máximo, dois pontos.

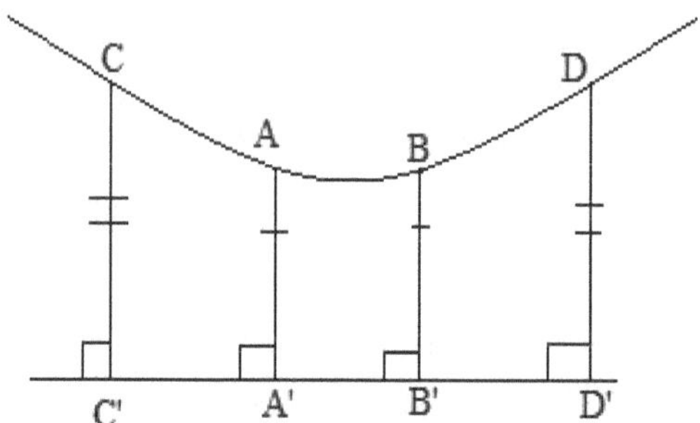

Figura 3.6.17

Comprovação: Assumir, pelo contrário, que existe um conjunto de três pontos A, B e C em l equidistantes de l''. Em seguida, quadriláteros □A'B'BA, □A'C'CA, e □B'C'CB são quadriláteros Saccheri (os ângulos de base são ângulos rectos e os lados são congruentes) e os ângulos de cume são congruentes. Assim, os ângulos de cume são congruentes,

∠A'AB ≅∠B'BA, ∠A'AC ≅∠C'CA, e∠B'BC ≅∠C'CB. Por transitividade, conclui-se que os ângulos suplementares ∠B'BA e ∠B'BC são congruentes entre si; por conseguinte, por definição, são ângulos rectos. Por conseguinte, estes quadriláteros Saccheri são todos rectângulos. Mas os rectângulos não existem em geometria hiperbólica. Esta contradição mostra que A, B, e C não podem estar equidistantes de l''.

Definição3.6. O **defeito do** polígono convexo **P1, P2. P3 ... Pn** é o número

$$\delta(P1, P2. P3 \dots Pn) = 180(n-2) - m < P1 - m < P2 - m < P3 - \dots - m(< Pn$$

Uma das surpreendentes propriedades de resultado do defeito é a sua aditividade. Se um polígono convexo e o seu interior forem subdivididos de qualquer forma em sub-pólígon convexo, a soma dos defeitos dos sub-pólígonos é igual à do polígono original.

Vamos apenas provar um caso especial do bem aditivo e deixar o resto para problemas.

Lemma3.6.2Se B-D-C do triângulo ΔABC e δ_1e δ_2 denotam os defeitos dos subtriângulos ΔABD e ΔADC, eδ (ΔABC)= δ_1 +δ_2

102

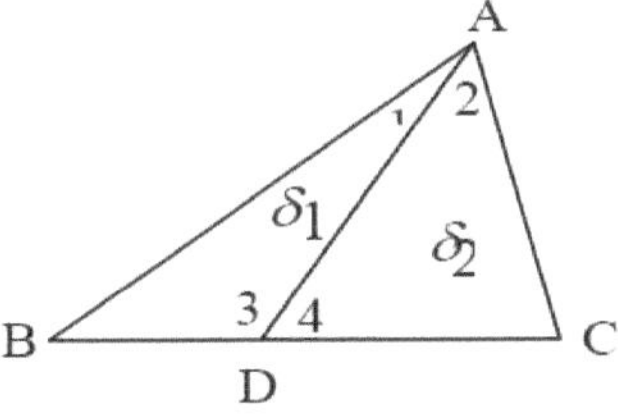

Figura 3.6.18

Comprovação

Temos(figura3.6.18)

$$\delta_1 = 180 - m(< B) - m(< 1) - m(< 3)$$

$$\delta_2 = 180 - m(< C) - m(< 2) - m(< 4)$$

De modo que, somando

$$\delta_1 + \delta_2 = 360 - \big(m(< B) + m(< 1) + m(< 3) + m(< C) + m(< 2) + m(< 4)\big)$$

$$=180-(m(<A)+m(<B)+m(<C)$$

$$=\delta(\Delta ABC)$$

Teorema3.*6.13*. Sob um postulado paralelo hiperbólico, qualquer semelhança é uma congruência. Ou seja, se

$\Delta ABC \sim \Delta DEF$então $\Delta ABC \equiv \Delta DEF$.

Comprovação

Primeiro assumimos G $\overline{AB}$ para que AG = DEe assumimos a H $\overline{AC}$ para que AH = DF. Temos então $\Delta AGH \cong \Delta EDF$por SAS; por conseguinte $\Delta AGH \sim \Delta ABC$

Se G = Bentão H = C e o teorema que se segue. Mostraremos que o pressuposto contrário

G $\neq$ B , H $\neq$ C (conforme ilustrado nas figuras 3.6.16a e 3.6.16b) conduz a uma contradição.

Que os defeitos de $\Delta AGH, \Delta GHC$ e ΔGBC ser d1, d2, e d3, como indicado na figura; seja d o defeito de ΔABC. Por aplicações do lema anterior, temos d = $d_1 + d_2 + d_3$. Isto é impossível, porque as congruências angulares dadas pela semelhança $\Delta AGH \sim \Delta ABC$ diga-nos que

$$d = d_1$$

Exemplo1. Um triângulo equilátero em geometria hiperbólica tem uma medida de ângulo de 570. Encontrar os seus defeitos.

103

Solução

Que (ΔABC) ser um triângulo equilátero com medida de ângulo em geometria hiperbólica é 570 , o defeito:

$$\delta(\Delta ABC) = 180 - 3 * 57^0$$
$$= 180\text{-}171$$
$$= 9$$

Definição3.6.1. O defeito δR de uma região poligonal convexa R é o número que constitui o defeito de cada triangulação estelar de R.

Uma *triangulação fronteiriça* de uma região poligonal convexa é aquela que se parece com a figura 3.6. 19

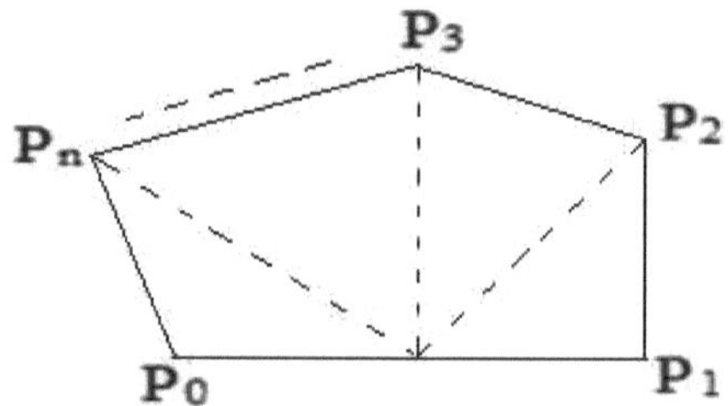

Figura3.6. 19

Teorema3.6.14. Se *K1e* K2 são triangulações estelares da mesma região poligonal *R*, então δK1 = δK2.

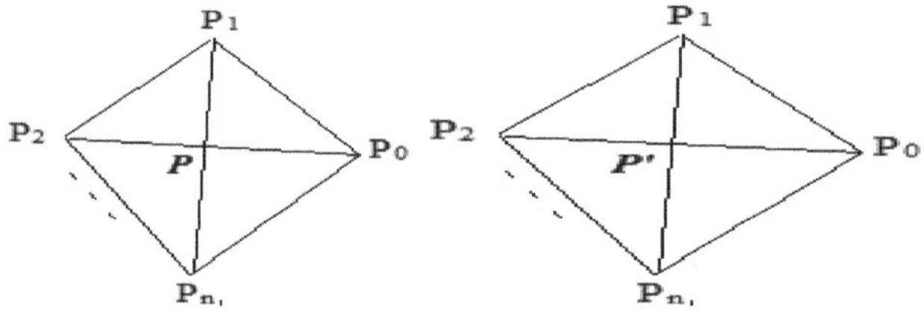

Figura 3.6.20a   Figura 3.6.20b

A razão é que o defeito total em cada triangulação de estrelas é:

$$(n + 1)180 - (m < P0 + m < P1 + \bullet\bullet\bullet + m < Pn), + 360)$$
$$= (n - 1)180 - (m < P0 + m < P1 + \bullet\bullet\bullet + m < Pn).$$

Este teorema justifica a seguinte definição.

Teorema3. 6.15. Se uma região poligonal convexa for decomposta por uma linha em duas dessas regiões, então o defeito da união é a soma dos defeitos.

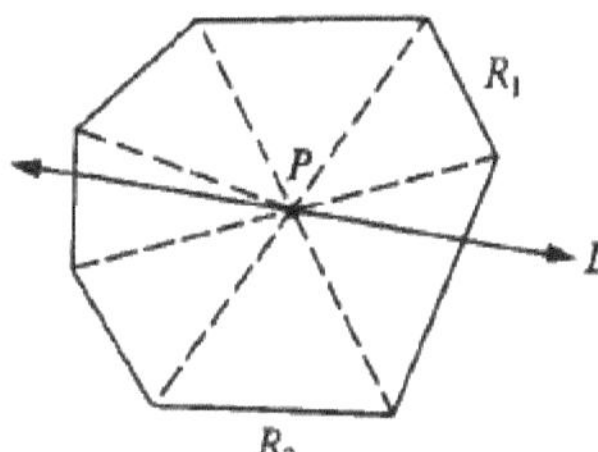

Figura 3.6.21

Comprovação

Dado $R_1 \cup R_2 = R$, $R_1 \cap R_2 \subset L$ como na figura. Que P seja qualquer ponto de L no interior de R; que K1 e K2 seja a triangulação fronteiriça em que P é o vértice extra. Que $K = K_1 \cup K_2$. Depois, trivialmente, temos

$\delta K = \delta K_1 + \delta K_2$. Desde $\delta K = \delta R, \delta K_1 = \delta R_1$ e $\delta K_2 = \delta R_2$ Isto prova o teorema.

Exemplo 2 temos um pentágono convexo ABCDE que envolve três triângulos e quadriláteros convexos, com medida de ângulo como indicado abaixo. Calcular o defeito de cada polígono interior, soma, e comparar com o defeito do pentágono exterior.

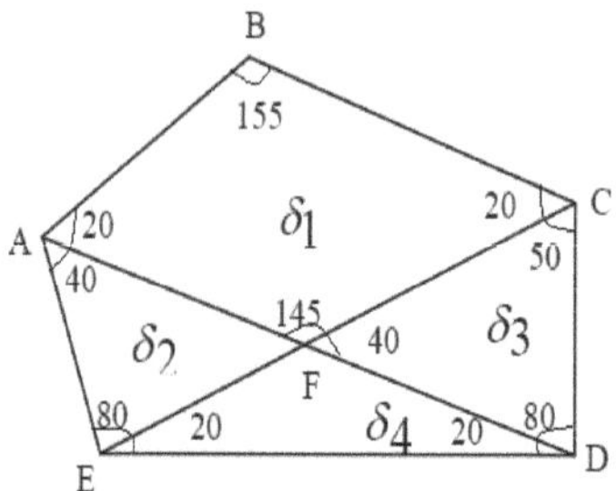

Figura3.6.22

Solução

Primeiro m∠EFD = 360-(145+40+50) = 125

Agora temos

δ_1 = 360 - Soma angular de ■ABCF=360-34 = 20

δ_2 = 180 - Soma angular de ΔAEF=180-170 = 10

δ_1 = 180 - Soma angular de ΔCDF=180-170 = 10

δ_1 = 180 - Soma angular de ΔDEF=180-165 = 15

Assim, $\delta_1 + \delta_2 + \delta_3 + \delta_4$ = 55que deve ser o defeito δ do pentágono. A soma angular de ABCDE = 60 + 155 + 70 + 100 + 100 = 485e da fórmula para o defeito de um pentágono (com n=5),

δ = 3*180-485 = 540-485 = 55 de acordo.

Uma consequência importante do valor positivo do defeito para todos os triângulos é a abolição de toda a possibilidade de um triângulo similar ou conceitos para transformações de similaridade na geometria hiperbólica.

Teorema3.6. 16. Critério de congruência AAA para a Geometria hiperbólica.

Se dois triângulos têm os três ângulos de um congruente, respectivamente, aos três ângulos do outro, os triângulos são congruentes.

Corollary3.6.3: Não existem triângulos semelhantes, não coerentes, em geometria hiperbólica.

3.7.Triângulos fechados em geometria hiperbólica

Nesta secção, tratamos especificamente do caso hiperbólico. Para evitar confusões, ao longo desta secção, mencionaremos o postulado paralelo hiperbólico em todos os teoremas cuja prova o exija.

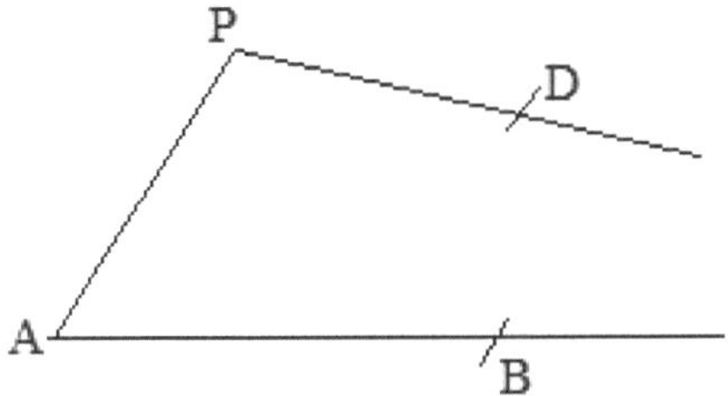

Figura3.7.23

Se $\overline{PD}/\overline{AB}$ então ΔDPABé chamado um *triângulo fechado*.

Nota: cada triângulo fechado é um triângulo aberto, mas sob postulado paralelo hiperbólico o inverso é falso, porque através de *P* há mais de uma linha paralela a *AB*. Os triângulos fechados têm propriedades importantes em comum com os triângulos genuínos.

Teorema3.7.17. *(The Exterior Angle Theorem)*. Sob postulado paralelo hiperbólico, em cada triângulo fechado, cada ângulo exterior é maior do que o seu ângulo interior remoto.

Restatement. Se $\overline{PD}/\overline{AB}$e *Q-A-B*, depois $\angle QAP > P$.

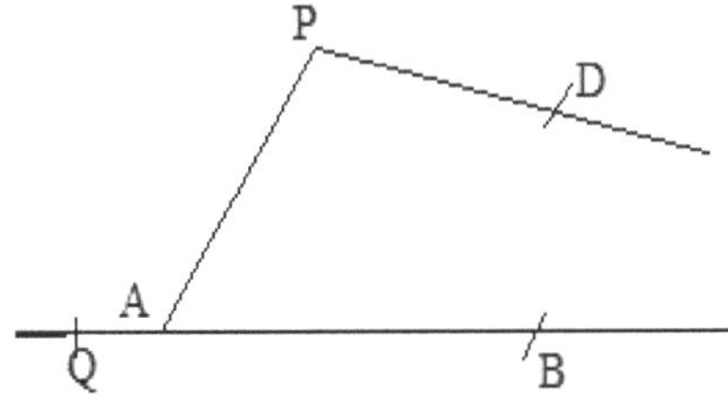

Figura3.6.24

Comprovação.

Se ΔDPABisósceles, isto é óbvio. Aqui, se o postulado paralelo hiperbólico se mantém, então $\angle P$ e $\angle PAB$ são agudos (porque $c(a) < 90$ para cada a), e portanto $\angle QAP$ é obtuso. Suponhamos então que ΔDPABnão é isósceles.

ΔDPABé equivalente a um triângulo aberto isósceles ΔDPCBe este triângulo aberto está também fechado:

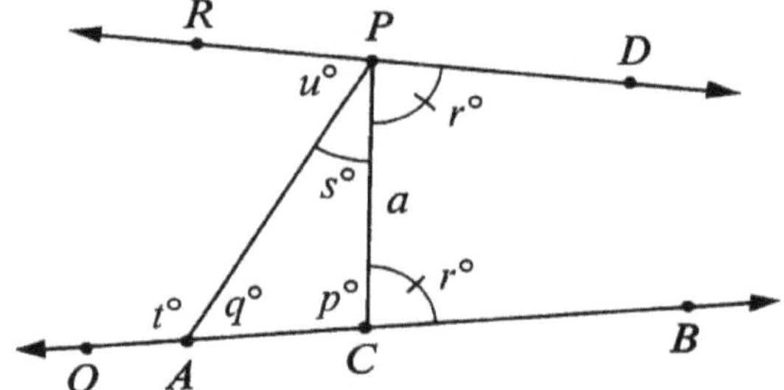

Figura3.7.25

Se C = A, não há nada a provar. Para o caso A-C-B, que as medidas de grau dos vários ângulos sejam como na figura. Depois

p > r,

porque c(a) < 90. E

$$p + q + s < 180, \qquad Therefore$$
$$t = 180 \cdot q > p + s > r + s,$$

e

t > r + so que prova a existência do nosso teorema.

Para provar a outra metade, precisamos de mostrar que u > q. Isto decorre de

$$t = 180 - q > 180 - u = r + s.$$

A parte restante deste teorema é deixada ao leitor como uma tarefa a provar.

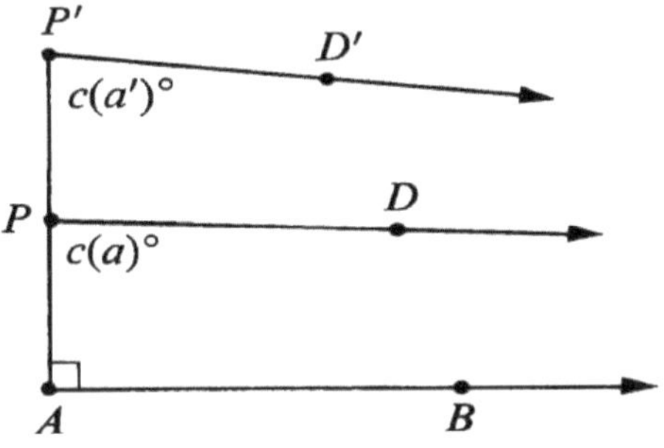

Figura3.7.26

Teorema 3.7.18. No postulado paralelo hiperbólico, a função crítica é estritamente decrescente. Ou seja, se $a' > a$, então $c(a') < c(a)$.

Comprovação.

Na figura, AP = a e AP' = a', $\overrightarrow{PD}/\overrightarrow{AB}$ e $\overrightarrow{P'D'}/\overrightarrow{AB}$ para que

$\overrightarrow{PD}/\overrightarrow{P'D'}$. Por conseguinte, $\Delta D'P'PD$ é um triângulo fechado. Por conseguinte, c(a) > c(a'), o que devia ser provado.

Definição3.7: Um *"quadrilátero Saccheri"* é um quadrilátero□**ABDC** de tal modo que ∠CAB e ∠DBA são ângulos rectos e AC == BD.

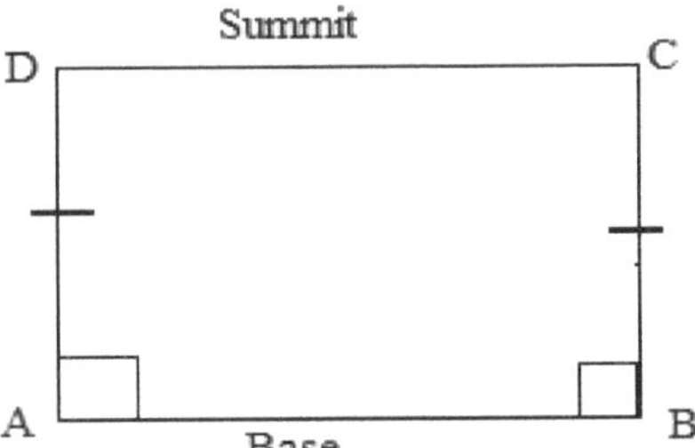

Figura3.7.27: *Quadrilátero de Saccheri*

109

Teorema 3.7.19. Sob HPP, os ângulos superiores da base de um quadrilátero Saccheri são sempre agudos.

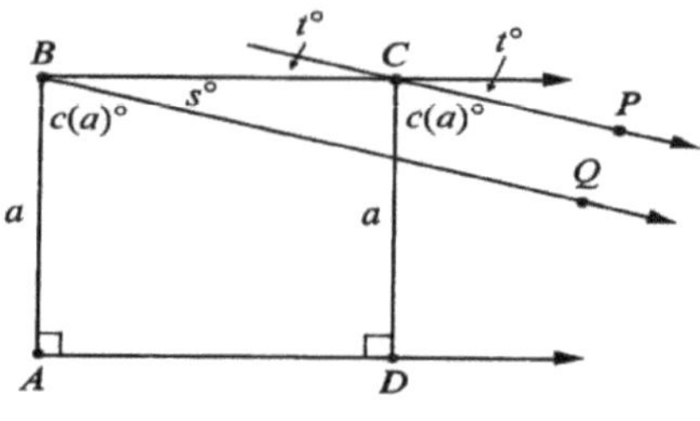

Figura 3.7.28

Actividade3,7

1. Definir defeito de um triângulo.
2. Teorema do colapso do estado de similaridade na geometria hiperbólica.

Exercícios 3

1. Encontrar o defeito δ de ΔPKW sem utilizar a aditividade do defeito

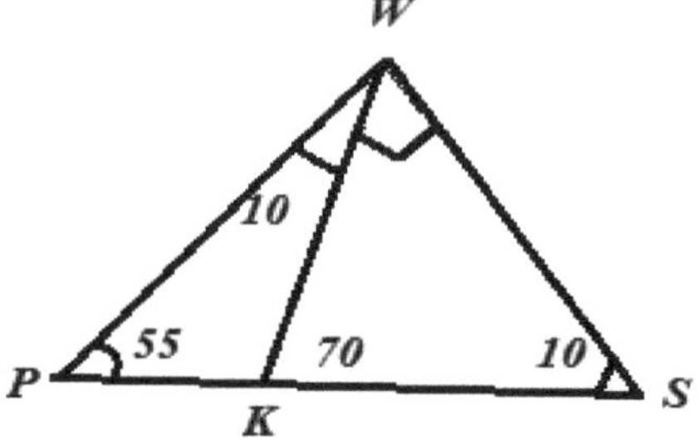

2. Encontrar o defeito δ de ΔPKW sem utilizar o Par Linear Axiom (Utilize a figura acima)

3. Um triângulo equilátero tem um defeito 24 o que cada ângulo de um triângulo deve medir.

4. O defeito $\triangle ABC$ é 7.5 e $\triangle ACD \equiv \triangle CAB$.

(a) Encontrar o defeito de um quadrilátero ▢nvexo ABCD

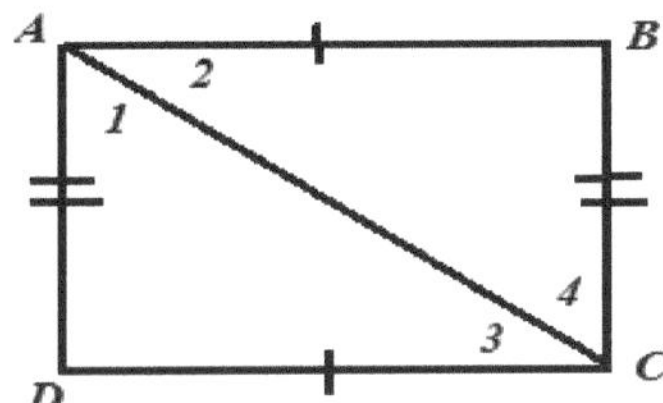

b) Se $\angle B$ for um ângulo recto, encontrar $m\angle BAD$

5. Os ângulos de cume de um certo Quadrilátero Saccheri têm, cada um deles, a medida 83. Encontrar o defeito dos quadriláteros

6. O defeito de um certo hexágono regular em geometria hiperbólica é 12.

a)Encontrar a medida de cada ângulo do hexágono

b)Se O for o centro do hexágono, encontrar o defeito de cada um dos sub triângulos, como constituindo o

hexágono, como $\triangle AOB$.

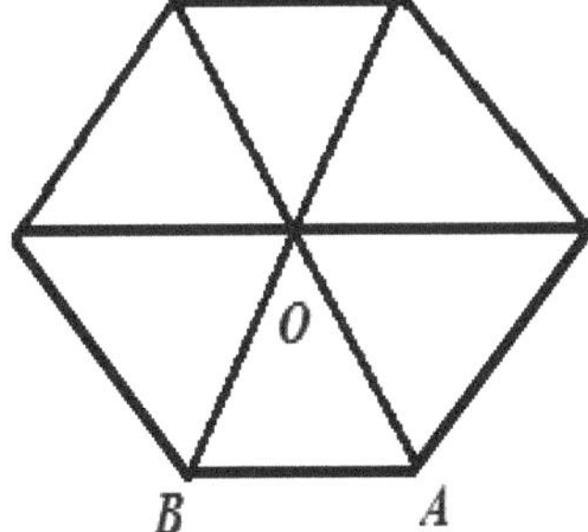

7. O defeito de um certo dodecagon regular em geometria hiperbólica é 12. Se O for o centro, encontrar

    a) A medida de cada ângulo do polígono

    (b) O defeito do sub triângulo $\triangle AOB$

1. Encontrar o defeito δ de ΔPKW sem utilizar a aditividade do defeito

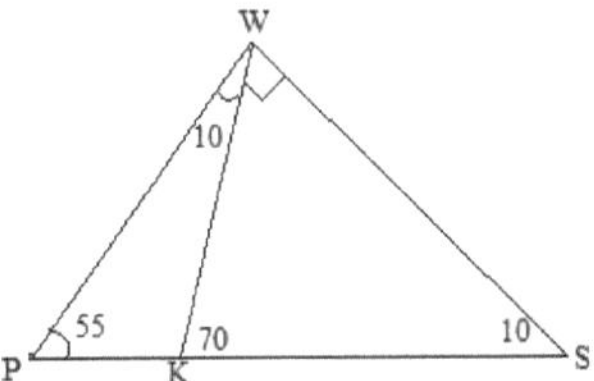

2. Encontrar o defeitoδde ΔPKW sem utilizar o Par Linear Axiom (Utilize a figura acima)

3. Um triângulo equilátero tem um defeito 24 o que cada ângulo de um triângulo deve medir.

4. O defeito ΔABC é 7.5 e ΔACD ≡ΔCAB.

   a) no defeito de um quadrilátero convexo □ABCD

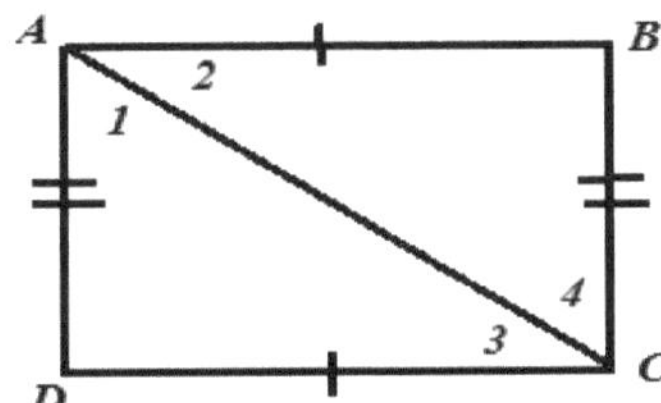

   b) Se ∠B for um ângulo recto, encontrar $m\angle BAD$

5. Os ângulos de cume de um certo Quadrilátero Saccheri têm, cada um deles, a medida 83. Encontrar o defeito dos quadriláteros

6. O defeito de um certo hexágono regular em geometria hiperbólica é 12.

   a)Encontrar a medida de cada ângulo do hexágono

   b)Se O for o centro do hexágono, encontrar o defeito de cada sub triângulo, como fazendo

   subir o hexágono, como por exemplo ΔAOB

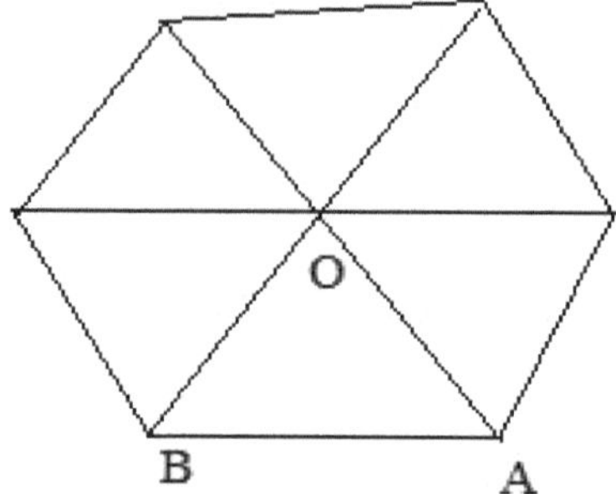

7. O defeito de um certo dodecagon regular em geometria hiperbólica é 12. Se O for o centro, encontrar

a) A medida de cada ângulo do polígono

(b) O defeito do sub triângulo ΔAOB

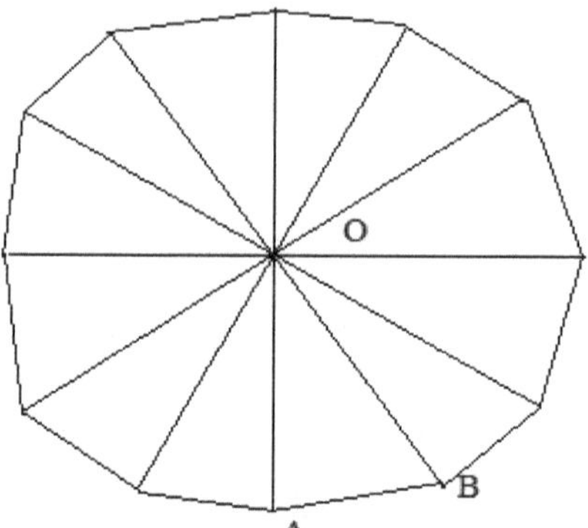

8. Provar que: o cume e a base de um quadrilátero Saccheri são paralelos.

9. Provar que: um quadrilátero Saccheri é um paralelogramo.

10. Provar que quaisquer dois triângulos hiperbólicos que tenham os mesmos ângulos são congruentes.

11. Provar que qualquer linha no plano hiperbólico contém pares de pontos cuja distância é arbitrariamente grande; isto é, o comprimento de uma linha é infinito.

12. Prove-o: Se dois triângulos têm o mesmo defeito, então eles têm a mesma área.

4. A Consistência da Geometria Hiperbólica

4.1.Introdução

No capítulo anterior foi-lhe introduzido a geometria hiperbólica e apresentados alguns teoremas que devem parecer muito estranhos a alguém habituado à geometria euclidiana. Embora possa admitir que as provas destes teoremas estão correctas, tendo em conta os nossos pressupostos, pode sentir que o pressuposto básico da geometria hiperbólica - o axioma hiperbólico - é um falso pressuposto. Examinemos o que pode significar dizer que é falso. Suponhamos que suponho que, quando deixo cair um objecto, digamos, uma pedra, ele "cairá" para cima. Posso sair e deixar cair pedras e, a menos que tenha pedras na minha cabeça, descobrirei que a minha suposição era falsa.

Se a geometria hiperbólica fosse inconsistente, um argumento matemático vulgar poderia derivar uma contradição. Saccheri tentou fazer isso e falhou. Será que ele não foi suficientemente inteligente, que um dia algum génio encontrará uma contradição? Por outro lado, será que se pode provar que a geometria hiperbólica é *consistente - será que se pode* provar que não existe uma forma possível de derivar uma contradição?

Poderíamos fazer a mesma pergunta sobre a geometria euclidiana - como *sabemos que é* consistente? Claro que esta nunca foi uma questão candente antes da descoberta da geometria não euclidiana, simplesmente porque todos *acreditavam* que a geometria euclidiana era consistente. Curiosamente, se fizermos desta crença uma suposição explícita (embora uma suposição meta-matemática), é possível dar uma prova de que a geometria hiperbólica é consistente. Afirmemos esta possibilidade como um teorema:

Teorema4.1.1. Se a geometria euclidiana é consistente, a geometria hiperbólica também o é.

4.2.Inversão de um plano perfurado

Em álgebra, o método do logaritmo transforma problemas difíceis envolvendo multiplicações e divisões em problemas mais simples envolvendo adições e subtracções. Para cada número positivo x, existe um número real único de logaritmo x na base 10. Esta é uma correspondência de um para um entre os números positivos e os números reais. Em geometria, existem também métodos de transformação para a resolução de problemas. Nesta secção, discutiremos um desses métodos chamado inversão. Para o apresentar, vamos introduzir o plano alargado, que é o plano juntamente com um ponto que gostaríamos de considerar como infinito. Além disso, gostaríamos de pensar em todas as linhas do plano que passarão por este ponto no infinito! Para compreender isto, vamos introduzir a projecção estereográfica, que pode ser descrita como se segue. Consideremos uma esfera sentada num ponto O de um plano. Se retirarmos o Pólo Norte N da esfera, obtemos uma esfera perfurada. Para cada ponto P do plano, a linha NP irá intersectar a esfera perfurada num ponto SP único. Isto dá uma correspondência de um para um entre o plano e a esfera perfurada. Se considerarmos os pontos P num círculo do plano, então os pontos SP formarão um círculo na esfera perfurada. No entanto, se considerarmos os pontos P em qualquer linha do plano, então os pontos SP formarão um círculo perfurado na esfera, sendo N o ponto removido do círculo. Se movermos um ponto P em qualquer reta do plano em direção ao infinito, então SP irá em direção ao mesmo ponto N!.Assim, neste modelo, todas as linhas podem ser pensadas como indo para o mesmo infinito.

Mencionámos anteriormente - no capítulo três, o modelo de disco de Poincare. Para recordar os seus pormenores, repetimos a sua descrição, incluindo algumas definições.

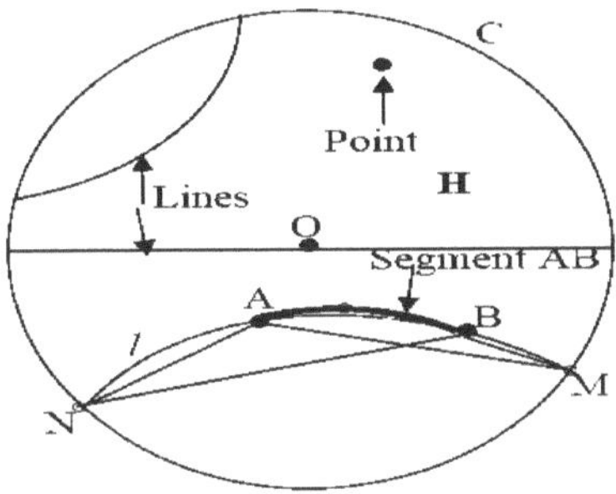

Figura4.2.1

Comece com um círculo C no plano euclidiano, e o seu interior **H**, como mostra a figura 1. Os componentes da geometria do modelo Poincare são os seguintes.

Ponto: Qualquer interior do círculo C (os pontos ordinários de **H**)

Linha: Qualquer diâmetro de C ou qualquer arco de círculo ortogonal a C em **H**

Distância: Se A e B são dois pontos quaisquer e l representa uma linha que passa por A e B (que se mostrará ser única), que envie pontos em C são M e N, como mostra a figura1. Defina a distância de A a B como o número real

$$AB^* = \left| ln\left[\frac{AM.BN}{AN.BM}\right] \right|$$

Medida angular: Se ΔABC for qualquer "ângulo" em **H** consiste em dois "raios" BA e $\overrightarrow{BC}$ (ou parte de um diâmetro de C ou parte de um círculo ortogonal a C, depois considere os raios $\overrightarrow{BA}$e $\overrightarrow{BC}$que são tangentes a $\overrightarrow{BA}$ e $\overrightarrow{BC}$ e na mesma direcção (Figura 4.2). Definir $m\angle\mathbf{ABC}^{**}$ = $m\angle\mathbf{A}'\mathbf{BC}'$(A medida euclidiana do ângulo euclidiano ΔABC).

Dado um ponto A de um plano euclidiano E e um círculo C com centro em A e raio a. O conjunto E - A é chamado de Plano perfurado. A inversão de E - A sobre C é uma função, f: E - A →E - A, definida da seguinte forma. Para cada ponto P de E - A, deixe P' = f(P) ser o ponto de $\overrightarrow{AP}$ para os quais

$$AP' = \frac{a^2}{AP}$$

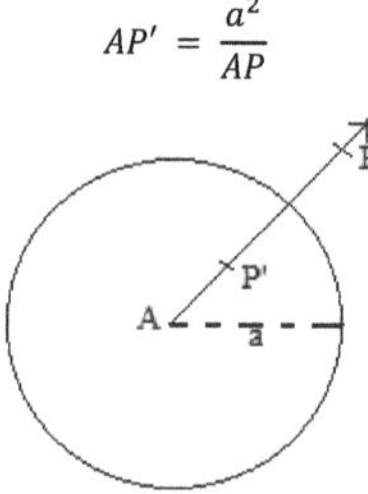

Figura4.2.2

(Assim, para a = 1, temos AP' = 1/ PA.) Desde $\frac{a^2}{a}$ = aTemos os seguintes teoremas.

Teorema 4.2.2. Se l for uma linha em **E - A**então **f(l)** é um círculo perfurado.

Comprovação.

Como podemos escolher os eixos da forma que quisermos, somos livres de assumir que K é o gráfico de uma equação rectangular

$$x = b > 0,$$

e, por conseguinte, de uma equação polar

$$r \cos \theta = b > 0 .$$

Tal como anteriormente, a fixação $r = \frac{a^2}{s}$, concluímos que $f(l)$ é o gráfico de

$$\frac{a^2}{s} \cos \theta = b \qquad s \neq 0$$

$$\frac{a^2}{b} \cos \theta = s \qquad s \neq 0$$

$$\frac{a^2}{b} s \cos \theta = s^2$$

$$u^2 + \frac{a^2}{b} u + v^2 = 0 \qquad u^2 + v^2 \neq 0$$

$$x^2 + \frac{a^2}{b} x + y^2 = 0 \qquad x^2 + y^2 \neq 0$$

Portanto, $f(l)$ é um círculo perfurado, com centro em $(\frac{a^2}{2b}, 0)$ e raio $\frac{a^2}{2b}$.

Teorema 4.2.3. Se $P \in C$ então $f(P) = P$.

Teorema 4.2.4. Se P estiver no interior de C, então $f(P)$ está no exterior de C, e inversamente.

Teorema 4.2.5. Para cada $P, f(f(P)) = P$.

Ou seja, quando aplicamos uma inversão duas vezes, isto leva-nos de volta ao ponto de partida.

Comprovação

$f(P)$ é o ponto de $\overrightarrow{AP}$ para os quais $Af(P) = \frac{a^2}{AP}$ e $f(f(P))$ é o ponto do mesmo raio para o qual

$$Af\bigl(f(P)\bigr) = \frac{a^2}{Af(P)} = \frac{a^2}{a^2/AP} = AP$$

Por conseguinte, $f(f(P)) = P$

Teorema 4.2.6. Se l for uma linha através de A, então $f(l - A) = l - A$.

Aqui por $f(l - A)$ referimo-nos ao conjunto de todos os pontos de imagem $f()\}$, em que $P \in l - A$. Em geral, se

$K \subset E\text{-}A$, então $f(K) = \{P' = f(p)/p \in K\}$.

Também é fácil ver que "se P está perto de A, então P' está longe de A", e inversamente; a razão é que " $\frac{a^2}{AP}$ é grande quando a AP é pequena". Ao estudar propriedades menos óbvias das inversões, será conveniente utilizar tanto as coordenadas rectangulares como as polares, tomando a origem de cada sistema de coordenadas em A. A vantagem das coordenadas polares é que nos permitem descrever a inversão na forma simples

$$f: E - A \leftrightarrow E - A,$$

$: (r, \theta) \leftrightarrow (s, \theta)$, onde

$$s = \frac{a^2}{r}$$

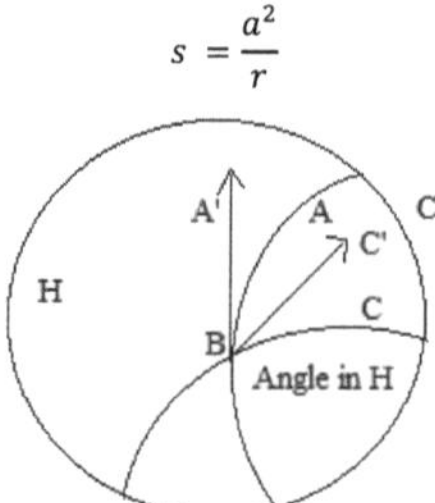

Figura4.2.3

NOTA: Para tornar a fórmula complicada para a distância mais conveniente de trabalhar, damos à fracção que segue o logaritmo a **razão de cruzamento do** nome, que tem propriedades de interesse todas próprias.

Let $(AB, MN) = \left(\frac{BM}{AM}\right)/\frac{BN}{AN} = \frac{BM.AN}{AM.BN}$. A primeira expressão à direita mostra porque se chama **"rácio cruzado"** (ou rácio de rácios) (**ver figura 4.2.1**); a segunda expressão é a que usamos no trabalho com ela, uma vez que é mais simples e mais fácil de lembrar. Assim, podemos reformular a definição de distância como

$AB^* = |\ln(AB, MN)|$

Uma vez que uma das propriedades do rácio cruzado é, por álgebra elementar,

(1) $(AC, MN) . (CB, MN) = (AB, MN)$

Em seguida, o logaritmo transforma-o na soma

(2) $\ln(AC, MN) + \ln(CB, MN) = \ln(AB, MN)$ e obtemos AC*+ CB*=AB* para qualquer ponto C do arco euclidiano AB da "linha" que passa por A e B. Assim, A-C-B detém na

"geometria" de H e os "segmentos" em H são basicamente os seus equivalentes euclidianos, o que facilita a sua identificação nos números e o seu trabalho em geral. Isto também significa que os raios, ângulos e triângulos são facilmente identificados. (Ver figura 1 e 3)

Esta "geometria" satisfaz todos os axiomas da geometria absoluta. Por exemplo, para verificar o axioma dois pontos determinam uma linha, considere um sistema de coordenadas em que C é tomado como o círculo unitário $x^2 + y^2 = 1$. Para encontrar um círculo ortogonal a C, devemos examinar a equação geral de um círculo

$x^2 + y^2 + eixo + por = c$ e a forma equivalente de centro/rádio:

$(x\text{-}h)^2 + (y\text{-}k)^2 = r^2$ onde, através da quadratura, obtemos

$x^2 - 2hx + h^2 + y^2 - 2ky + k^2 = r^2$

$\Rightarrow x^2 - 2hx + + y^2 - 2ky += r^2 - h^2 - k^2$

Através de coeficientes correspondentes

(3) $a = -2h, b = -2k, e\ c = r^2\text{-}h^2\text{-}k^2$

Com essas fórmulas, podemos transferir para a frente e para trás entre as duas formas. Consideremos agora o que deve ser verdade sobre um círculo D que é ortogonal a C, como mostra a figura 3. A ortogonalidade de C e D significa que as suas tangentes no ponto de intersecção P são perpendiculares e, uma vez que os raios puxados para o ponto pare perpendicular às tangentes, as tangentes de uma circunferência devem passar pelo centro da outra. Assim ΔOPD é um triângulo direito, pelo teorema de Pitágoras.

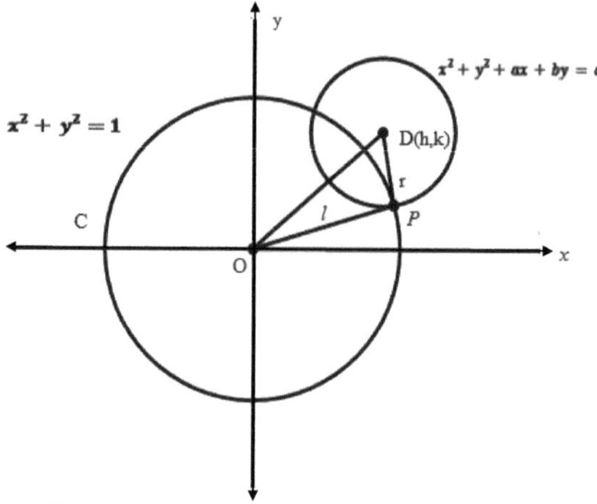

Figura4.2.4

(4) $(DO)^2 = (PO)^2 + (PD)^2 = 1 + r^2 (PO)^2 + (PD)^2 = 1 + r^2$

Onde D (h, k) é o centro de D e r é o seu raio. Pela fórmula da distância,

$(OD)^2 = h^2 + k^2$ por isso obtemos

(5) $h^2 + k^2 = 1 + r^2$

A partir de (3) temos $c = r^2 - h^2 - k^2$ ou $h^2 + k^2 = r^2 - c$

Substituir este ponto por (5):

$$r^2 - c = r^2 + 1$$

$$c = -1$$

Isto determina a equação geral de qualquer círculo D ortogonal a C, a saber

(6) $x^2 + y^2 + eixo + por = -1$

Enquanto C for o círculo unitário, para encontrar a "linha" que passa por dois pontos A e B só temos de substituir as suas coordenadas em (6) e resolver o sistema resultante por a e b. (não há solução se as coordenadas de A e b forem proporcionais, mas isto significa que A e B são colineares com O e a "linha" desejada é então o diâmetro de C a A e B).

Exemplo 1 Encontrar a equação da "linha" D em **H** passa através dos dois pontos
A (0,1, 0,3),e B (-0,1, 0,7). Encontre o seu centro e raio, e desenhe o gráfico.

Solução

Aplicando (6) e o procedimento acima descrito, temos, por substituição,

$$(0.1)^2 + (0.3)^2 + 0.1a + 0.3b = -1$$
$$\rightarrow 0.01 + 0.09 + 0.1a + 0.3b = -1$$

Simplificando e compensando as casas decimais, obtemos

$$0.1a + 0.3b = -1.1$$
$$a + 3b = -11$$

Do mesmo modo, para as coordenadas de B:

$$0.01 + 0.49 - 0.1a + 0.7b = -1$$
$$0.5 - 0.1a + 0.7b = -1$$
$$-a + 7b = -15$$

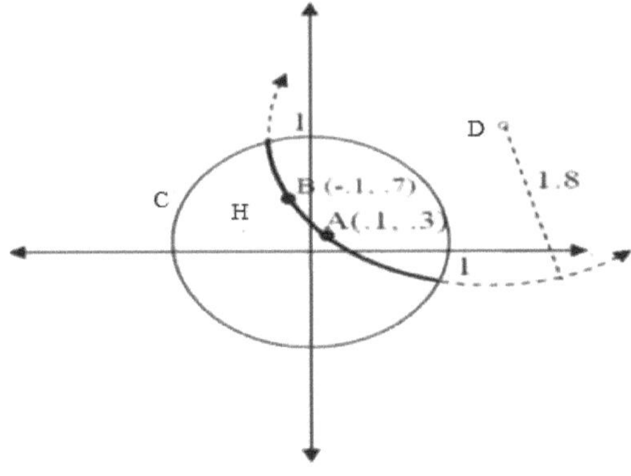

Figura4.2.5

O resultado é o sistema de equações em *a e b* :

$$\begin{cases} a + 3b = -11 \\ -a + 7b = -15 \end{cases}$$

Acrescentando 10b =-26 *ou* b = -2,6 , e substituindo-a pela primeira equação;

123

a $+ 3(-2.6) =$ -11ou a $= -3.2$. Assim, a equação para D é

$$x^2 + y^2 - 3.2x - 2.6y = -1$$

Ao completar o quadrado obtemos a equação equivalente

$$(x - 1.6)^2 + (y - 1.3)^2 = 3.25$$

Assim, o centro de D é o ponto D (1.6, 1.3) e o seu raio, r $\approx$ 1.8. O gráfico é apresentado na figura4.

Não vamos prosseguir com este modelo, excepto nos problemas; em vez disso, vamos trabalhar quase exclusivamente a partir deste ponto com outro dos modelos de Poincare. Estes dois modelos foram ambos originalmente descobertos por Eugenio Beltrami (1835-1900), que fez um extenso trabalho Embora diferentes em detalhes, os modelos são equivalentes no essencial, e que a equivalência é estabelecida por meio de uma inversão circular, uma transformação transversal de ratio-preservação que pode ser introduzida na secção seguinte. O modelo de meio plano tem a vantagem de facilitar o trabalho com um sistema de coordenadas, e muitas construções geométricas padrão, como a obtenção da linha através de dois pontos, são mais simples do que o modelo de disco, em geometria diferencial. Utilizando métodos nesta área, descobriu a complicada fórmula para a distância acima indicada.

Actividade4.2

1. Sate the elements Modelo de Poicare

2. Definir distância no Modelo de Poicare

3. Definir medida angular no Modelo Poincare

4. Definir o rácio cruzado

5. É possível diferenciar a função de distância da geometria euclidiana?

4.3.Inversão em Círculos

Para definir a congruência nos modelos de Poincare e verificar os axiomas da congruência, devemos estudar a operação de inversão num círculo euclidiano; esta operação revelar-se-á a interpretação da reflexão através de uma linha no plano hiperbólico.

Definição 4.3. Que γ ser um círculo de raio r, centro O. Para qualquer ponto P $\neq O$ o P' *inverso* de P no que diz respeito aγé o ponto único P' na radiografia $\overrightarrow{PO}$ de tal modo que $(\overline{PO})$ $(\overline{PO}")$

= r2(em que $\overline{PO}$ denota o comprimento do segmento OP em relação a uma unidade de medida fixa); ver figura abaixo .

As seguintes propriedades de inversão são imediatas da definição:

Proposta4.3.1. (a) P = P' se e apenas se P estiver no círculo de inversão γ. b) Se P está dentro y então P' está fora y, e se P está fora γentão P' está dentro γ. (c) (P')'' = P.

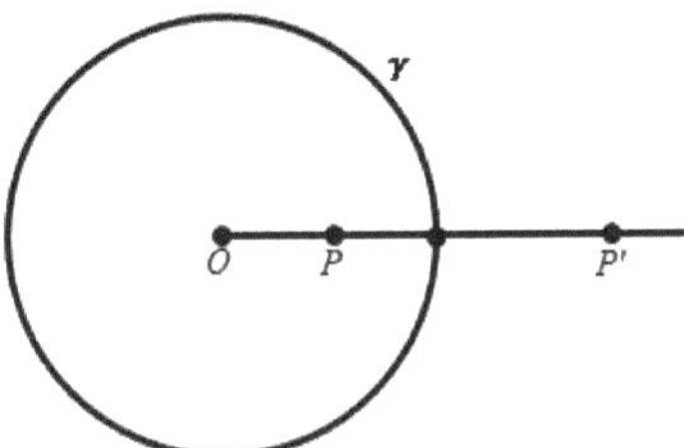

Figura 4.3.6

Proposta 4.3.2. Suponhamos que P está dentro γ. Que TU seja o acorde de γ através de P que é perpendicular a $\overrightarrow{PO}$. Então o "P" inverso de P é o pólo de corda TU, ou seja, o ponto de intersecção das tangentes a γ em T e U. (Ver figura abaixo)

Comprovação

Suponhamos que a tangente a γem cortes T $\overrightarrow{PO}$ no ponto P''. Triângulo direito ΔOPT é semelhante ao triângulo direito ΔOTP'' (uma vez que têm ∠TOP em comum e a soma angular é de 1800). Por conseguinte, os lados correspondentes são proporcionais. Como $\overline{OT}$ = *r,* obtemos $(\overline{PO})/r = r/(\overline{PO'})$que mostra que P' é inverso a P. Reflectindo transversalmente $\overleftrightarrow{PO}$vemos que a tangente a γem U também passa por P'', pelo que P'' é de facto o pólo da TU.

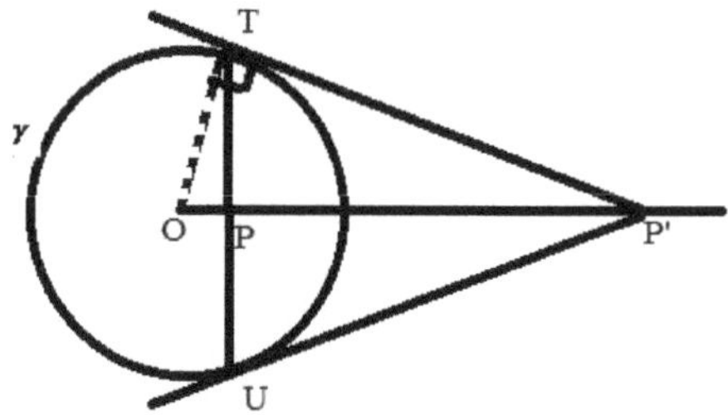

Figura4.3.7

Proposta4.3.3. Se P estiver fora γque Q seja o ponto médio do segmento OP. Que σser o círculo com centro Q e raio $\overline{OQ} = \overline{QP}$. Depois σ cortes γem dois pontos T e U, $\overleftrightarrow{PT}$ e $\overleftrightarrow{PO}$ são tangentes a γe o "P" inverso de P é a intersecção de TU e OP. (Ver figura abaixo).

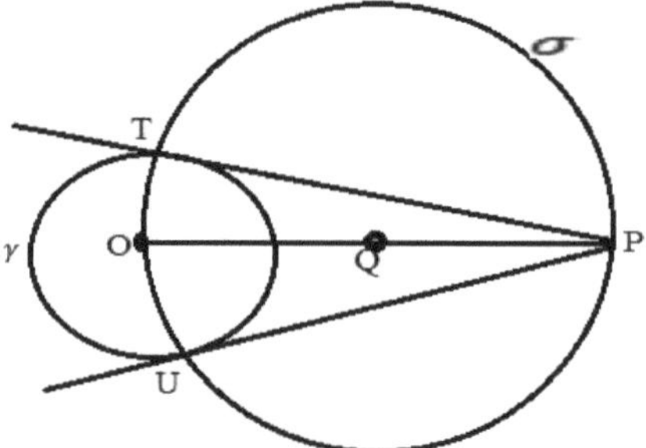

Figura 4.3.8

Comprovação

Pelo princípio da continuidade circular σe γencontram-se em dois pontos T e U. Dado que ∠OTP e ∠OUP estão inscritos em semicírculos de σSão ângulos rectos; por conseguinte,$\overleftrightarrow{PT}$ e $\overleftrightarrow{PO}$ são tangentes a γ. Se TU reúne-se com PO num ponto P', então P é o inverso de P' (Proposta 4.3.2); portanto, P' é o inverso de P emγ.

Teorema 4.3.7. A inversão em círculo preserva os ângulos.

126

4.4.Medida angular e inversão

A questão é que cada ângulo em E - A tem pelo menos um lado deitado sobre uma linha não perfurada e a imagem de uma linha não perfurada é sempre um círculo perfurado. Portanto, o teorema seguinte não significa o que pode parecer significar.

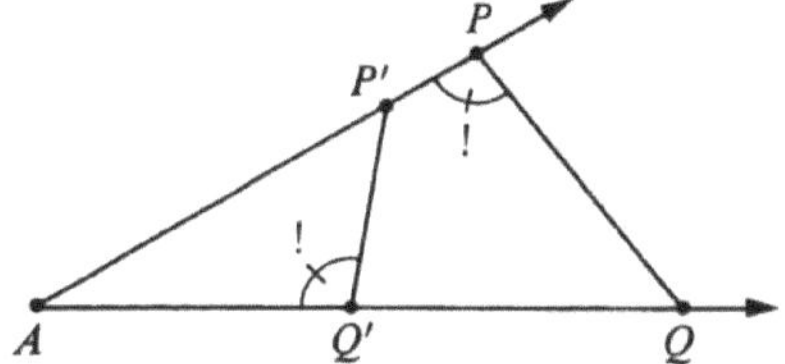

Figura6

Teorema4.6. Se A, P e Q são não lineares, P' = f(P) e Q' = f(Q), então

m∠APQ = m∠AQ' P' .

Comprovação.

Considere ▲PAQ e ▲Q'AP'. Eles têm o ângulo ∠A em comum.

Desde

$$AP' = \frac{a^2}{AP} \qquad AQ' = \frac{a^2}{AQ} \text{ temos}$$

AP - AP' = AQ - AQ' = a2,

para que

$$\frac{AP}{AQ'} = \frac{AQ}{AP'}$$

Pelo teorema de similaridade do SAS,

▲PAQ".~▲Q'AP'.

(Note-se aqui a inversão da ordem dos vértices.) Dado que ∠APQ e ∠AQ'P' são ângulos correspondentes, eles têm a mesma medida.

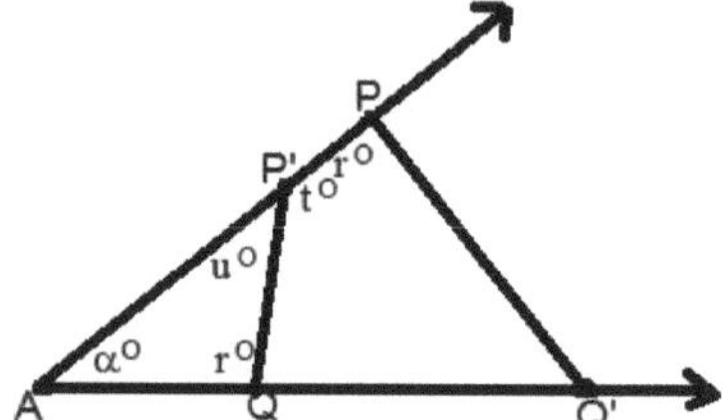
Figura 7

Na figura acima, P' = f(P) e Q' = f(Q) como anteriormente. Aqui temos

u = 180 -α - - r

= (180 - r) -α

=s-α.

Por conseguinte,

$$s - u = \alpha.$$

A ordem da areia u depende da ordem em que P e P' aparecem no raio.

Se P e P' forem intercambiados, devemos trocar a areia u, obtendo

$$u - s = \alpha.$$

Assim, em geral, temos

$$|s - u| = \alpha.$$

Teorema 4.7. Sob inversões, os ângulos tangentes correspondentes são congruentes.

Ou seja, se $\widehat{AB}$ e $\widehat{XC}$ são arcos com um ângulo tangente de medida r, depois as suas imagens $f(\widehat{AB})$ e $f(\widehat{AC})$ têm um ângulo de medida tangente r. Do mesmo modo, para um arco e um segmento ou um segmento e um segmento.

4.5.Reflexão através da linha L no modelo Poincare

Recordamos que os pontos do modelo Poincare são os pontos do interior E de um círculo C com centro em P; as linhas L são:

(1) A intersecção de E com linhas que passam por P e

128

(2) A intersecção de E com os círculos C' ortogonais a C.

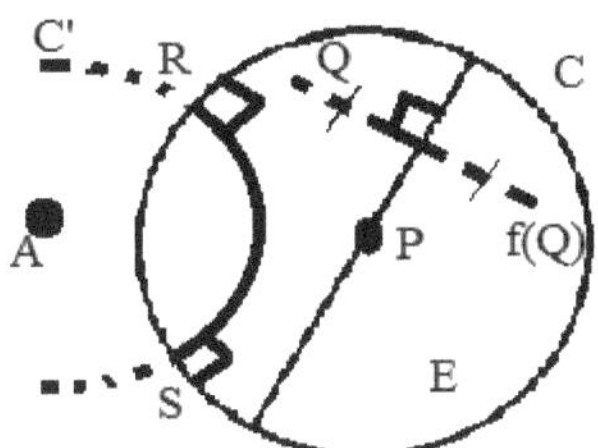

Figura4.5.11

Se L é uma linha L do primeiro tipo, então *o reflexo de E através de L* é definido de forma familiar como uma correspondência de um para um, : E ↔ E de tal forma que, para cada ponto Q de E, Q e f(Q) são simétricas em L. Se L for uma linha L do segundo tipo, então o reflexo de E em L é a inversão de E sobre C''. Para justificar esta definição, é claro, temos de mostrar que sef é uma inversão sobre um círculo C' ortogonal a C, então f(E) = E. Mas isto não é difícil de mostrar. Nos teoremas seguintes, deve entender-se que f é uma inversão sobre C'; C' tem centro em A, e intersecta ortogonalmente C em Rand S; e L = E ∩ C'.

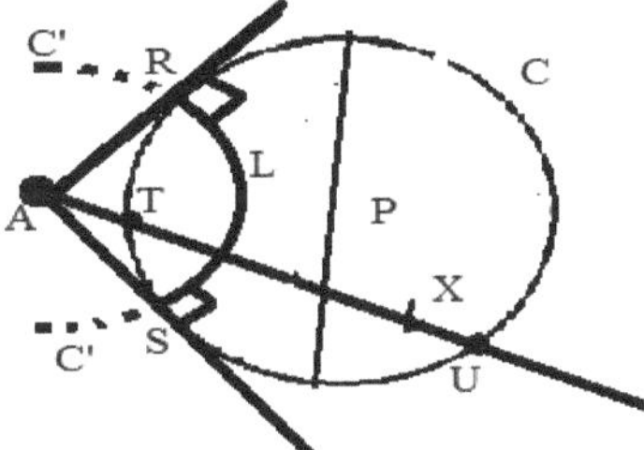

Figura4.5.12

129

Teorema 4.5.10. f(C) = C.

Comprovação.

f(C) é um círculo. Este círculo contém R and S, porque f(R) = R e f(S) = S. Por Theorem4.2 da secção anterior, f(C) e C' são ortogonais. Mas existe apenas um círculo C que cruza ortogonalmente C' em R and S. (Proof? Show that P deve ser o centro de qualquer um desses círculos).

Por conseguinte, f(C) = C, o que devia ser provado.

Teorema 4.5.11. f(E) = E.

Comprovação.

Que X seja qualquer ponto de E. Depois AX intersecta C nos pontos T e U.

Desde *f(C) = C*, temos *U = f(T)* e *T = f(U)*. Mas as inversões preservam as entrelinhas nos raios que começam em A. Portanto *f(* $\overline{TU}$ *)* = $\overline{TU}$, e f(X) ∈ E. Assim,

f(E) ⊂ E.

Temos de mostrar, inversamente, que E ⊂ f(E). Isto é trivial: tendo em conta que f(E) ⊂ E temos f(f(E)) ⊂ f(E). Desde f(f(E)) = E, o que dá E ⊂ f(E).

Teorema 4.5.12. Se M é uma linha L, então também o é f(M).

Comprovação.

M é a intersecção E ∩ D em que D é um círculo ortogonal para C or uma linha ortogonal para C. Agora f(D) é ortogonal para C, e é uma linha ou círculo (perfurado ou não perfurado). Seja "D" a linha ou o círculo completo correspondente.

(Assim D' = f(D) ou D' = f(D) U A.) Depois f(M) = f(D) ∩ E

$$= D' \cap E \text{ que é uma linha L.}$$

Recordamos que um ângulo em L é o ângulo formado por dois "raios" no modelo Poincare.

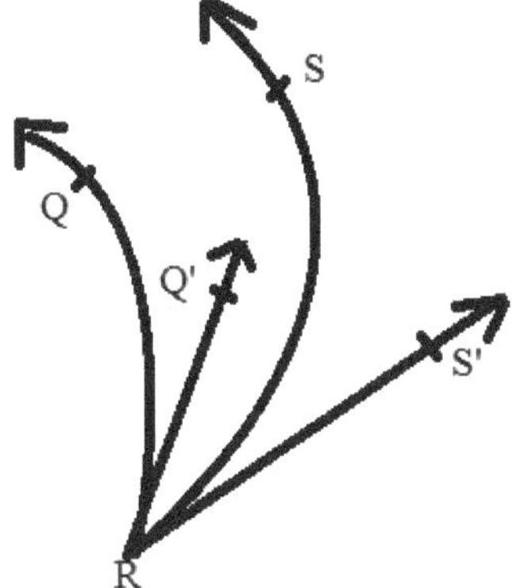

Figura4.5.13

A medida de um ângulo em L é a medida do ângulo formado pelos raios tangentes.

Podemos agora resumir quase todo o debate anterior no teorema seguinte.

Teorema4. 5.13. Que f seja um reflexo de E através de uma linha L. Depois,

(1) f é uma correspondência E↔E

(2) f preserva as distâncias não euclidianas entre os pontos;

(3) f conserva Linhas L;

(4) f conserva medidas de L-angles.

Para linhas de L do primeiro tipo (passando por P) tudo isto é trivial, porque neste caso f é uma isometria no sentido euclidiano. Portanto, ela preserva distâncias de ambos os tipos, linhas, círculos, ortogonalidade e medida angular. Para as linhas em L do segundo tipo, as Condições (1) até (4) seguem os teoremas desta secção e das duas secções anteriores.

4.6.Exclusividade da linha L através de dois pontos

Dado o centro P de C, e algum outro ponto Q de E. Sabemos que P e Q se encontram numa só linha (recta) no plano euclidiano. Portanto, P e Q situam-se apenas numa linha L da *primeira espécie*. Mas P não se situa em nenhuma linha L do *segundo tipo*. (A razão é que no triângulo direito ▲ARP na figura, a hipotenusa, AP, é o lado mais comprido). Daí resulta que a linha L através de dois pontos de E é única, no caso em que um dos pontos é P.

131

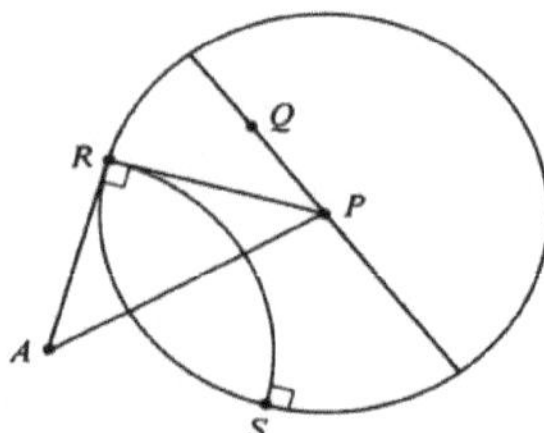

Figura 4.6.14

Para provar que a singularidade se mantém sempre, precisamos do seguinte teorema.

Teorema 4.6.14. Para cada ponto Q de E há uma reflexão f tal que f(Q) = P.

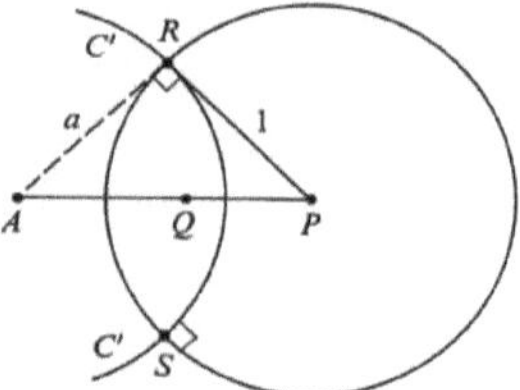

Figura4.6.17

Comprovação.

Começamos pelo método do wishful thinking . Se a inversão f sobre

C'' dá f(Q) $=$ Pentão

$$AP = \frac{a^2}{AQ}$$

Recordamos que o raio PR $=$ 1. Let k $=$ QPe deixar x ser a distância desconhecida AP (Fig. 4.6.17). Em seguida, a equação

AP. AQ $=$ a^{2}assume a forma de

$$x(x - k) = x^2 - 1$$

ou kx $=$ 1

ou x $= \frac{1}{k}$

132

Como Q está em E, sabemos que k < 1. Portanto x > 1, e A está fora de C. Se C'é o círculo com centro em A, ortogonal a C, então o reflexo através de E ∩ C'is the one that we wanted. Podemos agora provar o seguinte teorema.

Teorema 4.6.15. No modelo Poincare, cada dois pontos situam-se exactamente numa linha L.

Comprovação

Que Q e R sejam pontos de *E*. Seja uma reflexão através de uma linha L tal que $f(Q) = P$ e $f(R) = R''$. Sabemos que P e R' se encontram numa linha L. Portanto, Q e R encontram-se na linha L $f(L)$. Se existissem duas linhas *L1* , *L2* , contendo Q e R, então $f(L1)$ e $f(L2)$ seriam linhas L diferentes contendo P e R', o que é impossível. Por Theorem4.1, podemos falar da linha L que contém Q e R. Denominá-lo-emos por $\overleftrightarrow{QR}$e, para evitar confusões, acordaremos em não utilizar esta notação, no resto deste capítulo, para designar as linhas euclidianas.

4.7.A régua postula, entre a separação das linhas e a medida angular

A nossa estratégia nesta secção é verificar declarações sobre as linhas L, primeiro para o caso fácil das linhas L através de P, e depois utilizar inversões para mostrar que as linhas "curvas" se comportam da mesma forma que as linhas "rectas". Neste espírito, verificamos primeiro o postulado da régua para as linhas L através de P.

Teorema 4.7.16. Cada linha L através de P tem um sistema de coordenadas.

Comprovação.

Suponhamos que *eu* passe por P, e que os seus pontos finais em C sejam R e S. Para cada ponto Q de *l*, deixemos

$$f(Q) = ln\frac{QR/QS}{PR/PS}$$

$$= \ln \tfrac{QR}{QS}.$$

(Porque PR = PS.) Deixe $QS = x$. Depois

QR = 2 - QS = 2 - xe nós temos

f(Q) = $\ln\frac{2\text{-}x}{x}$.

Obviamente f é uma função L → R para os números reais. Precisamos de verificar que fis uma correspondência L↔R. Assim, precisamos de mostrar que cada número real k é = f(Q) para exactamente um ponto Q. Assim, queremos

$$k = ln\frac{2-x}{x}$$
$$e^k = \frac{2-x}{x}$$
$$xe^k + x = 2$$
$$x(e^k + 1) = 2$$
$$x = \frac{2}{e^k + 1}$$

Para cada k há exactamente um tal x, e $0 < x < 2$, como deve ser. Por conseguinte, cada k é = f(Q) para exactamente um ponto Q de *l*. quando o sistema de coordenadas f é definida desta forma, a fórmula da distância

$d(T, U) = |f(T) - f(U)|$ está sempre satisfeita.

Antes de proceder à generalização do Teorema 1, observamos que as fórmulas acima nos dão mais algumas informações:

Na figura xi = Qi S para i = 1, 2, 3. É fácil de verificar que $(2 - x)/x$ é uma função decrescente. (O seu derivado é $\frac{-2}{x^2} < 0$.) E o logaritmo é uma função crescente. Portanto, se $xl < x2 < x3$, *como* na figura, segue-se que

$$f(Q1) < f(Q2) < f(Q3),$$

e inversamente. Recordamos que a intermédia é definida em termos de distância, e que um ponto de uma linha está entre dois outros se e só se a sua coordenada estiver entre as suas coordenadas. Assim o fizemos.

Teorema 4.7.17. Que *Q1, Q2, Q3* sejam pontos de uma linha L através de P. Depois *Q1, Q2, Q3* sob a distância não euclidiana se e só se *Q1, Q2, Q3* no plano euclidiano.

Teorema 4.7.18. Cada linha L tem um sistema de coordenadas.

Comprovação.

Dada uma linha L. Se L contém P, utilizamos o Teorema 1. Caso contrário, que Q seja qualquer ponto de L; que g seja uma reflexão tal que g(Q) = P; que L' = g(L), e que

$$f : L' \leftrightarrow R$$

ser um sistema de coordenadas para L". Para cada ponto T de L, deixe

$$f'(T) = f(g(T)).$$

Ou seja, a coordenada de T é a coordenada do ponto g(T) correspondente de L". Dado que f e g são correspondências um para um, o mesmo acontece com a sua composição f(g). Tendo em conta os pontos T, U de L, sabemos isso:

d(T, U) = d(g(T), g(U)) ,

porque as inversões preservam a distância não-euclidiana. Esta, por sua vez, é

= |f(g(T)) - f(g(U))| ,

porque "f é um sistema de coordenadas para L". Por conseguinte,

d(T, U) = |f"(T) - f"(U)|, o que devia ser provado.

Teorema 4.7.19. Que Q1, Q2, Q3 sejam pontos de uma linha L através de P. Depois Q1-Q2-Q3 sob a distância não-euclidiana se e só se Q1-Q2-Q3 no plano euclidiano.

Teorema 4. 7.20. Cada linha L através de P separa E em dois conjuntos H1 e H2, de modo a

 (1) H1 e H2 são convexos, e

(2) Se Q ∈ H1e R ∈ H2, então $\overline{QR}$ intersecta L.

Aqui $\overline{QR}$ meios, evidentemente, o segmento não-euclidiano.

Comprovação. Sabemos que a linha euclidiana contendo L separa o plano euclidiano em dois meios-planos **H'₁** e **H'₂**. Que H1 e H2 sejam as intersecções **H'₁ ∩ E**

e H'₂ ∩ E como indicado na figura abaixo.

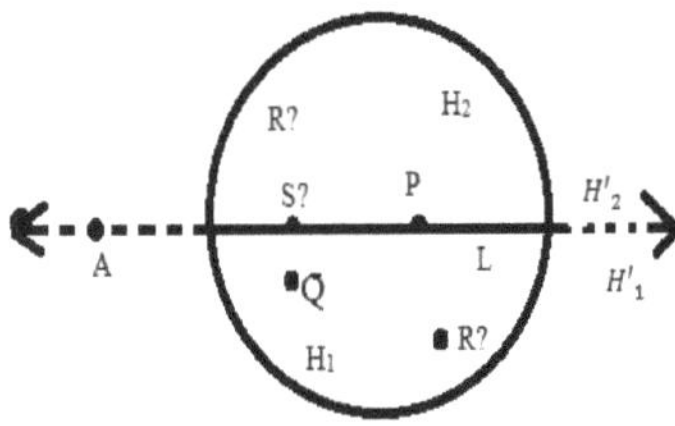

Figura4.7.18

Suponha que Q, R ∈ H1, e suponha que $\overline{QR}$ intercepta L num ponto S. Seja uma inversão E

E↔, num círculo com centro A na linha que contém L tal que f(S) = P. Depois f($\overleftrightarrow{QR}$) é uma linha L através de P, e f(Q) e f(R)pertence a H₁. Desde Q-S-R, temos f(Q)-P-f(R), no sentido não-euclidiano, porque f preserva a distância não-euclidiana. Portanto f(Q)-P-f(R), no sentido euclidiano, o que é impossível, porque f(Q) e f(R) estão no mesmo meio plano euclidiano. Q ∈ H1 e R∈H2

Da mesma forma, o H1 é convexo. Assim, verificámos metade do postulado de separação do plano para o modelo Poincare.

Suponha agora que o Q ∈ H1e R ∈ H2. Que C' seja o círculo euclidiano que contém a linha $\overleftrightarrow{LQR}$:

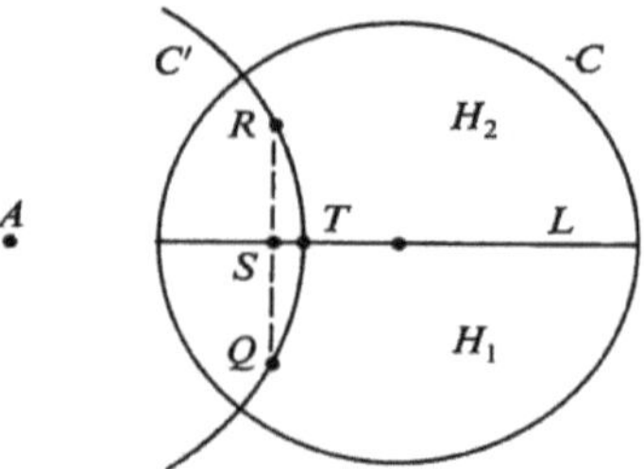

Figura4.7.19

Depois *L* contém um ponto S do segmento Euclidiano de Q a R, e S está no interior de C". Daí resulta que a linha euclidiana contendo L intersecta C' em dois pontos, um dos quais é um ponto T de L. Agora temos de verificar que Q-T-R no sentido não euclidiano. [Dica: utilizar uma inversão f: E↔E, H1↔H1 H2↔H2, T↔P, e depois aplicar o teorema 16]. Para estender este resultado às linhas L em geral, observamos isso:

Teorema4.7.21. Cada linha delimita exactamente dois meios-aviões e estes meios-aviões não têm qualquer ponto em comum.

Teorema4.7.22. Reflexões preservar segmentos.

Porque preservam o entrecruzamento.

Teorema 4.7.23. As reflexões preservam a convexidade.

Porque preservam segmentos.

Teorema 4.7.24. O postulado de separação de planos é válido no modelo Poincare.

Comprovação.

Que L seja qualquer linha L, e que Q seja qualquer ponto de *l*. Que *f* seja uma reflexão tal que f(Q) = P; deixe

L' = f(L)e que H; e H sejam os meios-planos em E determinados por L".

Let $H1 = f^{-1}(H_1')$ e $H2 = f^{-1}(H_2')$.

Desde f^{-1} é também um reflexo, e os reflexos preservam a convexidade, daí resulta que H1 e H2 são convexos. Isto prova que metade do postulado de separação plana para *l*.

Resta demonstrar que se R∈ H1 e S∈ H2, então $\overline{RS}$ intersecções *l*. Se R' = f(R) e S' = f(S)e, em seguida, R' ∈ H1 e S' ∈ H2, para que $\overline{R'S'}$. intersecta *l"* num ponto *T"*. Por conseguinte, $\overline{RS}$ intersecta L em

$T = f^{-1}(T')$.

Teorema4.7. 25. As reflexões preservam meios planos.

Ou seja, se H1 e H2 são os meios planos determinados por L, então f(H1) e f(H2) são os meios planos determinados por f(L). A prova é deixada como um exercício para os leitores?

Teorema4.7. 26. As reflexões preservam os interiores dos ângulos.

Comprovação

O interior do ∠ABC é a intersecção do:

(1) O lado do $\overleftrightarrow{AB}$ que contém C, e

(2) O lado do $\overleftrightarrow{BC}$ que contém A. Uma vez que os reflexos preservam meios planos, preservam as intersecções de meios planos.

4.8.Medida Angular no Modelo Poincare

Definimos a medida de um ângulo (não euclidiano) como a medida do ângulo (euclidiano) formado pelos dois raios tangentes. Para os ângulos com vértice em P isto é óbvio. Para verificá-lo para ângulos com vértice em algum outro ponto Q, lançamos Q sobre P por uma reflexão f. Agora f preserva ângulos, medida angular, linhas, e interiores dos ângulos. A medida angular no modelo Poincare é análoga à medida angular na geometria euclidiana. (**Ver secção 1.5 da unidade um**).

4.9.O Postulado SAS

Verificámos agora, para o modelo Poincare, todos os postulados de geometria plana absoluta, com a única excepção do SAS. Com o uso intensivo de inversões, isto acaba por não ser difícil.

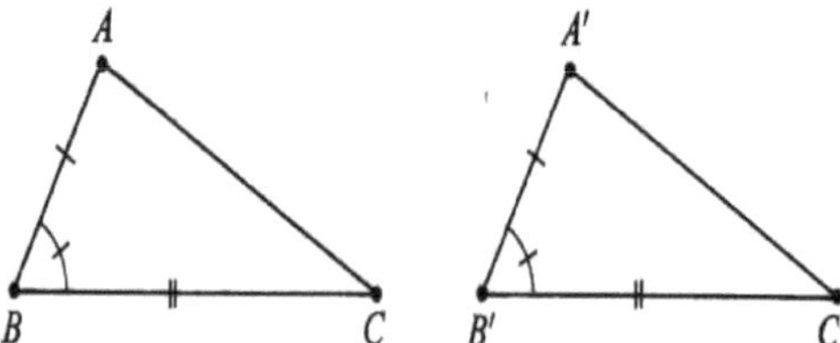

Dado ΔABC, ΔA'B'C'e uma correspondência ABC↔A'B'C' , de tal forma que

$$\overline{AB} \cong \overline{A'B'},$$
$$\overline{BC} \cong \overline{B'C'}$$
$$\angle B \cong \angle B'.$$

(Aqui os segmentos e congruências são não-euclidianos.) Queremos mostrar que ΔABC ≅ ΔA'B'C.

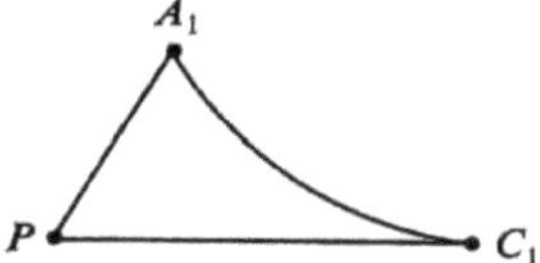

Em primeiro lugar, que f1 seja uma inversão tal que f1(B) = P, e que Δ$_{A1PC1}$ ser f1(ΔAB C). (Note-se que $\overline{PA_1}$ e $\overline{PC_1}$ olhar "direito", como deve ser). Uma vez que f1 preserva tanto as distâncias como a medida angular, nós temos:

$$\Delta A_1 P C_1 \equiv \Delta ABC.$$

A segunda etapa será uma inversão tal que f$_2$(B') = Pe deixe ΔA'$_1$PC'$_1$ ≡ f$_2$(ΔA'B'C').

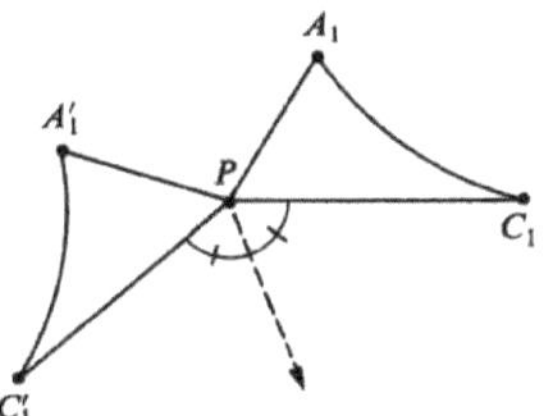

É fácil ver que existe uma reflexão f3, através de uma linha L através de P, de tal forma que,

$f_3(\overrightarrow{PC'_1}) = \overrightarrow{PC_1}$. (Se P, C1 , e C'_1 não são colineares, reflectimos através do bissector de $\angle C'_1PC1$ como indicado na figura. Se C-P-CI" reflectimos através do perpendicular a $\overrightarrow{PC_1}$ at P. Se já tivermos $\overrightarrow{PC_1} = \overrightarrow{PC}$ deixamos bem sozinho).

Que $\Delta A'_2PC'_2 = f_3(\Delta A'_1PC'_1)$. Desde af3 preserva a distância e a medida angular, temos $\Delta A'_2PC'_2 = (\Delta A'_1PC'_1)$. .

E uma vez que BC = PC'_1 e B'C' = PC'_1 = PC'_2 temos $C_1 = C'_2$

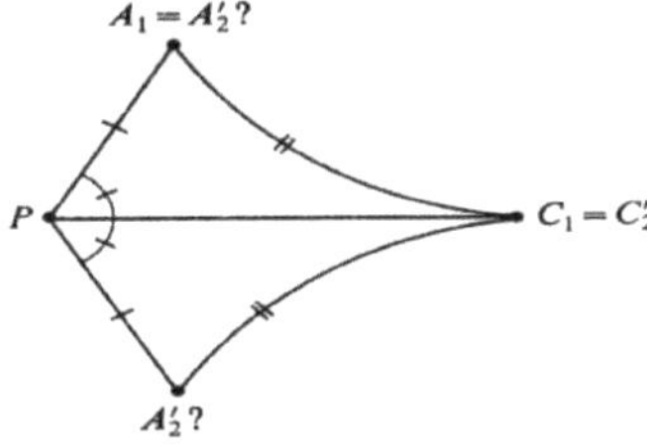

Existem agora apenas duas possibilidades:

(1) A'_2 está do mesmo lado de $\overleftrightarrow{PC_1}$ como A1. Neste caso, desde $\angle A'_2PC'_2 \cong \angle A1PC1$, temos

$\overrightarrow{PA'_2} = \overrightarrow{PA'_1}$; e desde PA1 = PA_2 temos A1 = A'_2

. Assim, P = P,

$\Delta_{A1} PC1 \equiv \Delta A'_2PC'_2$; isto encaixa com os nossos outros congruências para dar $\Delta ABC \equiv \Delta A' B ' C'$.

(2) A'$_2$ e $_{A1}$ estão em lados opostos de $\overleftrightarrow{PC_1}$. Neste caso, reflectimos transversalmente $\overleftrightarrow{PC_1}$ e, em seguida, proceder como no caso (1).

Teorema4.9.27. Dois triângulos são congruentes se os três pares de ângulos correspondentes forem congruentes.

Exercício de revisão 4.

1. Provar que qualquer mapa do plano hiperbólico para si mesmo que transporta linhas para ângulos de preservação (não direccionados) de linhas, e, portanto, é uma transformação hiperbólica. Ou seja, não há análogo no plano hiperbólico de transformações afins que não sejam movimentos rígidos.
2. Mostrar que as Reflexões preservam os meios-planos.
3. Provar que cada linha L tem um sistema de coordenadas.

Capítulo V

5. A Consistência da Geometria Euclidiana

5.1.O Plano Coordenado e Isometrias

A nossa prova da consistência da geometria hiperbólica, no capítulo anterior, foi condicional. Mostrámos que se existe um sistema matemático que satisfaz os postulados para a geometria euclidiana, então existe um sistema que satisfaz os postulados para a geometria hiperbólica. Vamos agora investigar a parte "se", descrevendo um modelo para os postulados euclidianos. Também aqui a nossa prova de consistência será condicional. Para estabelecer o nosso modelo, teremos de assumir que o sistema de número real é dado.

Lembrem-se disso: O plano cartesiano é uma interpretação que lhe deve ser familiar a partir da geometria analítica e do cálculo. Nesta interpretação, um "ponto" é definido para ser qualquer par ordenado $(\mathbf{x}, \mathbf{y})$ de números reais; o conjunto de todos esses pares ordenados é assinalado por R2. Em dimensão superior, a coordenada de um determinado ponto é dada por $(\mathbf{x_1}, \mathbf{x_2}, \mathbf{x_3}, \ldots \mathbf{x_n})$ e o conjunto de todos esses tuple ordenados é denotado por $\mathbf{R^n}$.

Definição 5.1.1: Uma **linha** é um conjunto do formulário

$$\ell = \{(x,y) : Ax + By + C = 0, A^2 + B^2 > O\}.$$

Ou seja, uma linha é definida como o gráfico de uma equação linear em x e y.

Em dimensão superior, a equação de uma "linha" é definida pela equação vectorial

$$l : r(t) = (x_o, y_o, z_o) + t \text{vem que } t \in \text{Re v é um vector paralelo à linha l.}$$

Definição 5.1.2:

i. Diz-se que duas linhas num plano são paralelas se e só se tiverem o mesmo declive.

ii. Diz-se que duas linhas num espaço são paralelas se e só se tiverem o mesmo vector paralelo v.

Lemma 5.1.3 (Paralelismo no plano cartesiano):

No plano cartesiano, as linhas paralelas têm as seguintes características:

i. Quaisquer duas linhas verticais distintas são paralelas.

ii. Duas linhas não verticais distintas são paralelas se e só se tiverem o mesmo declive.

iii. Nenhuma linha vertical é paralela a qualquer linha não vertical.

Comprovação:

141

i. Suponhamos que l e l_0 são duas linhas verticais distintas, descritas por $x = c$ e $x = c_0$ respectivamente. O pressuposto de que as linhas são distintas significa que $c = c_0$. Não se aplica (x, y) pode ficar nas duas linhas, porque teria de satisfazer $x = c$ e $x = c_0$.

 Daí, a prova.

ii. Suponhamos que l e l_0 são linhas não verticais descritas pelas equações $y = mx + b$ e $y = m'x + b'$ respectivamente. Assumir, em primeiro lugar, que eles têm a mesma inclinação, o que significa $m = m'$. Uma vez que estamos a assumir que as linhas são distintas, devemos ter $b = b'$. Se houvesse um ponto (x_0, y_0) em que as duas linhas se intersectam, então esse ponto teria de satisfazer ambas $y = mx + b$ e $y = m'x + b'$. Por conseguinte, obtemos $b = b'$ O que é uma contradição.

Por conseguinte, as duas linhas não têm ponto de intersecção, pelo que as linhas são paralelas.

Inversamente, suponha que as linhas têm declives diferentes: $m \neq m''$.. Mostraremos que as linhas não são paralelas, mostrando que existe um ponto (x_0, y_0) onde eles se cruzam. Considere o seguinte ponto:

$$(x_0, y_0) = (\tfrac{b\text{-}b'}{m\text{-}m'}, m\left(\tfrac{b\text{-}b'}{m\text{-}m'} + b\right)) \qquad (**)$$

Por substituição directa, podemos ver que este ponto satisfaz ambas as equações, pelo que as duas linhas não são paralelas. No caso de se interrogar, a fórmula $(**)$ vem de resolver as duas equações simultaneamente para x_0 e y_0 Mas a única coisa que importa para a prova é que o ponto resultante é, de facto, uma solução de ambas as equações.

 Isto completa a prova.

iii. Assumir l_0 é uma linha vertical definida pela equação $x = c$ e l é uma horizontal definida por $y = b$. É fácil verificar se o ponto $(x_0, y_0) = (c, b)$ é comum a ambas as linhas. Por conseguinte, as linhas não são paralelas.

Teorema 5.1.4: O plano cartesiano satisfaz o postulado paralelo euclidiano.

Comprovação: Let l ser uma linha definida por $\mathbf{y = mx + b}$ e deixar $\mathbf{P_O} = (\mathbf{x_0, y_0})$ ser um ponto não sobre l. Mostraremos a existência de uma linha única através de $_{Po}$ paralela a l. A prova tem duas partes "a Existência" e "Exclusividade".

i. Existência de uma linha paralela através de um determinado ponto para a linha em questão:

Que $Q \neq P_0$ ser ponto com coordenadas cartesianas $(x, m(x\text{-}x_0) + y_0)$. Em seguida, a linha l_1 determinado pelos pontos P_0 e Q tem o mesmo declive que a linha l. Assim, as linhas l_1 e l são paralelas entre si por Lemma 5.1.3. o de uma linha paralela é provada.

ii. Singularidade

Suponhamos que essa linha não é única; existem duas linhas l_1 e l_2 determinado pelas equações $y = mx + b_1$ e $y = mx + b_2$ passando pelo ponto Po, respectivamente. Seno ambas as linhas passam pelo ponto de passagem P_0. Nós temos $b_1 = b_2$. Assim, as linhas coincidem.

Por conseguinte, existe exactamente uma linha através do ponto paralelo à linha em questão l passando pelo ponto em questão no mesmo plano.

Definição 5.1.5: Se $P = (x_1, y_1)$ e $Q = (x_2, y_2)$ então,

$$d(P, Q) = \sqrt{(x_2 - x_1)^2 + (y_2 - y_1)^2}.$$

Ou seja, a distância é definida pela fórmula da distância.

Note-se o seguinte:

- Definimos a distância entre os dois.
- Como de costume, abreviamos $d(P, Q)$ como PQ.
- Os segmentos e raios são definidos em termos de entre-eixos; e os ângulos são definidos quando os raios são conhecidos.

Acontece que a criação de uma função de medida angular é uma tarefa técnica formidável. Esperamos, portanto, que o leitor se contente com uma relação de congruência de ângulos, satisfazendo os postulados puramente sintéticos do Capítulo 4. Esta relação é definida da seguinte forma.

Definição 5. 1.6: Uma isometria num espaço euclidiano E é uma correspondência de um para um

$$f\colon E \leftrightarrow E \text{ que preserva a distância.}$$

Definição 5.1.7: Dois ângulos $\angle \mathbf{ABC}$ e $\angle \mathbf{DEF}$ são congruentes se houver uma isometria $f\colon \mathbf{E} \leftrightarrow \mathbf{E}$ de tal modo que $f(\angle ABC) = \angle \mathbf{DEF}$.

Demos agora definições, no modelo cartesiano, para os termos utilizados nos postulados euclidianos. Cada um destes postulados torna-se assim uma afirmação sobre uma questão de facto; e a nossa tarefa é mostrar que todas estas afirmações são verdadeiras.

Exemplo 5.1.8: Encontrar a equação de uma linha através $P_1 = (0, 1, 2)$ e $P_2 = (-1, 1, 1)$.

Solução: Precisamos de um ponto **A** na linha e um vector **v** paralelo ao vector formado por dois pontos da linha.

Tomar $A = P_1$ e $v = P_2\text{-}P_1$ Depois

$$A + tv = (0, 1, 2) + t(-1, 0, -1).$$

Assim, $r(t) = (0, 1, 2) + t(-1, 0, -1)$ é a equação da linha. Ao dar valores distintos para t obteremos pontos distintos na linha. Encontre alguns dos pontos.

Exercício 5.1.9:

1. Encontrar a equação paramétrica de uma linha que contém $(2, -1, 1)$ e é paralela ao vector

$(3, \dfrac{1}{2}, 0)$.

2. Encontrar a equação de uma linha que atravessa o ponto $P(1, 3, 8)$ e paralelamente à linha com a equação vectorial $r(s) = (1, -3, 5) + s(5, 4, 2)$ onde $s \in R$.

5.2.O Postulado do Régua

Por linha vertical entendemos uma linha que é o gráfico de uma equação. $x = a$.

Os seguintes aspectos são fáceis de verificar:

1. Cada linha não vertical é o gráfico de uma equação. $y = mx + b$.
2. O gráfico de uma equação $y = mx + b$ nunca é vertical.
3. Se $x = a$ e $x = b$ são equações da mesma linha, então $a = b$.
4. Se $y = m_1x + b_1$ e $y = m_2x + b_2$ são equações da mesma linha, então $m_1 = m_2$ e $b_1 = b_2$.

Teorema 5. 2.1: Cada linha vertical l dispõe de um sistema de coordenadas.

Comprovação: Para cada ponto $P = (x, y)$ de l deixe $f(P) = y$.

Depois f: $l \longleftrightarrow R$ é uma correspondência unívoca . Se $P = (a, y_1)$ e $Q = (a, y_2)$ então

$$PQ = d(P, Q) = \sqrt{(a - a)^2 + (y_2 - y_1)^2}$$

$$= \sqrt{(y_2 - y_1)^2}$$

$$= |y_2 - y_1|$$

$$= |f(P) - f(Q)| \text{ como desejado.}$$

Teorema 5.2.2: Todas as linhas não verticais têm um sistema de coordenadas.

Comprovação: Let l seja o gráfico de $y = mx + b$. Se (x_1, y_1) e $(x_2, y_2) \in$ lé fácil verificar que

$$\frac{y_2 - y_1}{x_2 - x_1} = m \Leftrightarrow y_2 - y_1 = m(x_2 - x_1)$$

$$\text{Agora, } PQ = \sqrt{(x_2\text{-}x_1)^2 + (y_2 - y_1)^2}$$

$$= \sqrt{(x_2\text{-}x_1)^2 + m^2(x_2\text{-}x_1)^2}$$

$$= \sqrt{(m^2 + 1)(x_2\text{-}x_1)^2}.$$

$$= \sqrt{(m^2 + 1)}|(x_2\text{-}x_1)|.$$

A partir daí, vemos como definir um sistema de coordenadas para l.

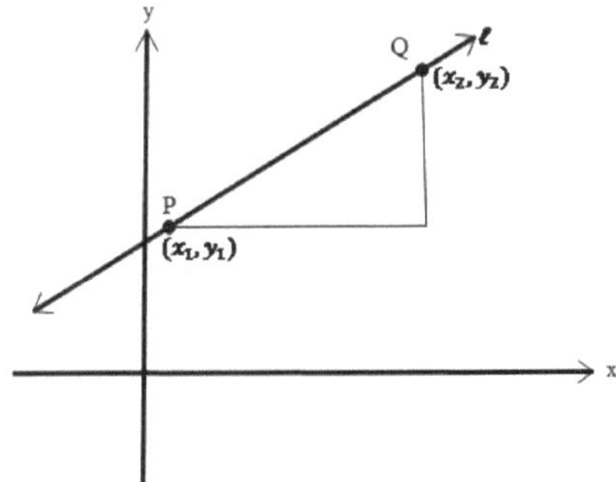

Fig 5.2.1

Let $f(x,y) = x\sqrt{1 + m^2}$.

Então para $P = (x_1, y_2)$, e $Q = (x_2, y_2)$

Nós temos $PQ = \sqrt{(m^2 + 1)}|(x_2\text{-}x_1)|,$

$$= \left| x_2\sqrt{(m^2 + 1)}\text{-}x_1\sqrt{(m^2 + 1)} \right|$$

$$= |f(Q)\text{-}f(P)| \text{ como deve ser.}$$

145

Teorema 5.2.3: No modelo cartesiano, o postulado do governante é válido.

Recordar o Postulado do Governante: Os pontos de uma linha podem ser colocados numa correspondência com os números reais, de modo a

   a. A cada ponto da linha corresponde exactamente um número real.

   b. A cada número real corresponde exactamente um ponto da linha.

   c. A distância entre dois pontos distintos é o valor absoluto da diferença dos números reais correspondentes.

Algumas pessoas podem pensar na linha padrão de números horizontal e/ou vertical quando lemos o postulado da régua. Vamos verificar se o postulado da régua é válido para cada ponto de um plano usando o plano de coordenadas cartesianas no próximo subtópico.

5.3.Coordenadas Geométricas

Uma leitura atenta do postulado do Régua garante que, em geometria pura, podemos ter um número que especifica um ponto numa linha, em vez de dois. À primeira vista, parece que isto nos permite especificar um ponto com menos informação do que a que utilizamos no plano cartesiano. Mas isto não é correcto, uma vez que uma descrição completa do ponto ainda vai exigir o conhecimento da linha.

Ilustramos abaixo um método para atribuir números a pontos numa determinada linha, da forma indicada no postulado do Régua. Estes números são designados por **coordenadas geométricas** para os pontos, por oposição às coordenadas cartesianas para os pontos.

Cada linha vertical pode ser descrita por uma equação da forma $x = c$ para um determinado número c. Em seguida, as coordenadas cartesianas para os pontos desta linha terão todas a forma (c, y), sendo y um número real arbitrário. Neste caso, o número y pode ser utilizado uma coordenada geométrica para o ponto (c, y) da linha.

Uma linha não vertical no plano cartesiano pode ser descrita por uma equação da forma $y = mx + b$ onde m é a inclinação da linha e b é a intercepção y. Que P e Q sejam pontos na linha $y = mx + b$. Depois podemos escrever estes pontos utilizando as coordenadas cartesianas na forma $P = (p, r)$ e $Q = (q, s)$. A partir da equação da linha, $r = (p, mp + b)$ e $s = (q, mq + b)$, pelo que a distância entre P e Q é :

$$PQ = \sqrt{(q - p)^2 + (s - r)^2} = \sqrt{(q - p)^2 + ((mq + b) - (mp + b))^2}$$

$$= \sqrt{(q\text{-}p)^2 + ((mq + b)\text{-}(mp + b))^2}$$

$$= \sqrt{(q\text{-}p)^2 + m^2(q\text{-}p)^2}$$

$$= \sqrt{(q\text{-}p)^2(1 + m^2)}$$

$$= \sqrt{(1 + m^2)}\,|q\text{-}p|$$

Consequentemente, podemos atribuir uma coordenada geométrica a um ponto desta linha multiplicando a coordenada x do ponto pelo factor $\sqrt{1 + m^2}$. Obtém-se assim a coordenada geométrica de P como $p(\sqrt{1 + m^2})$, e a coordenada geométrica de Q como $q(\sqrt{1 + m^2})$. Dos cálculos acima referidos, o valor absoluto da diferença destes valores é a distância de P a Q. A linha é apresentada a seguir, juntamente com as coordenadas cartesianas e as coordenadas geométricas de um ponto arbitrário.

Coordenadas cartesianas de P e Q

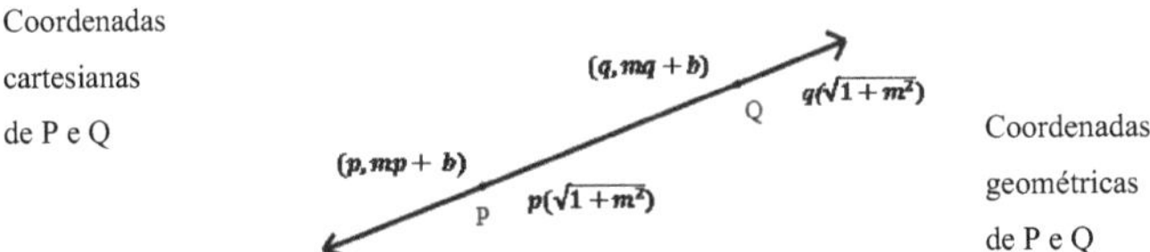

Coordenadas geométricas de P e Q

Fig 5.3.1: As coordenadas cartesianas e geométricas

Exercício 5.3.1: Dêem pontos P (3, 4) e Q (-1, 5). Depois

    a. Encontrar a coordenada geométrica de P e Q

    b. Use o postulado Ruler para encontrar a distância entre os pontos P e Q.

    c. Utilizar a definição de distância para encontrar a distância entre P e Q.

    d. Comparar as alíneas b) e c). (A resposta deve ser a mesma!).

5.4. Incidência e Paralelismo

A descrição técnica para esta situação é que a afirmação "existe paralelismo" é independente dos axiomas da geometria de incidência.

Teorema 5.4.1: Os postulados paralelos euclidianos são independentes dos axiomas da geometria de incidência.

Comprovação:

i. Considere o modelo de geometria de incidência ilustrado na figura 5.4.1 abaixo. Os pontos são A, B, C, D, F, e as linhas são $\overline{AB}$, $\overline{BC}$, $\overline{CD}$, $\overline{DA}$, $\overline{DB}$, $\overline{AC}$.

Que l ser a linha que contém $\overline{AB}$. Então há exactamente uma linha que contém o ponto C e é paralela a lnomeadamente a linha $\overline{CD}$. No entanto, se olharmos para o ponto F, vemos que não existe uma linha que contenha F e que seja paralela a lporque as linhas que contêm F (nomeadamente DFB e CFA) se intersectam l. Porque o postulado paralelo euclidiano diz que o paralelismo tem de ser verdadeiro para cada linha e cada ponto que não esteja nessa linha, portanto o postulado paralelo euclidiano não é verdadeiro neste modelo.

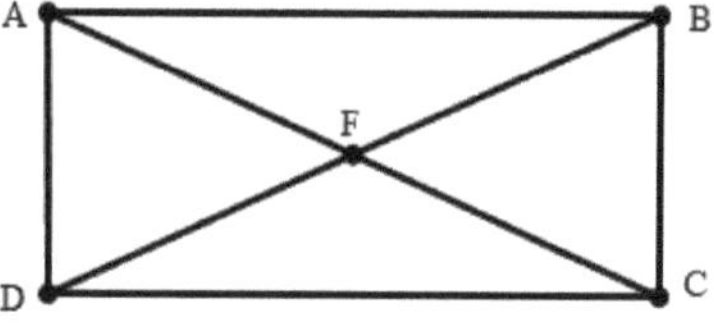

Fig 5.4.1

ii. Considere-se novamente O Plano de Três Pontos: claramente, neste modelo, quaisquer duas linhas se cruzam num ponto. Assim, o postulado paralelo euclidiano não é verdadeiro neste modelo.

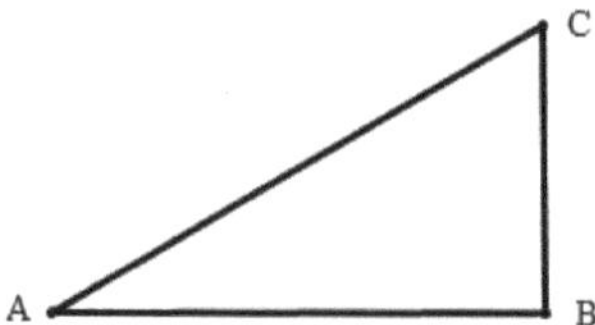

Fig. 5.4.2: Plano de três pontos

Assim, o modelo de geometria de incidentes não satisfaz o postulado Euclidiano Paralelo.

iii. Mais uma vez, considere o Plano de Quatro Pontos: Olha primeiro para a linha AB. Há dois pontos que não estão nesta linha, nomeadamente C e D. Considere o ponto C: Há três linhas que contêm C, nomeadamente: $\overleftrightarrow{CD}$, $\overleftrightarrow{AC}$ e $\overleftrightarrow{BC}$. Ao verificá-los um de cada vez, vemos que exactamente um deles (a saber $\overleftrightarrow{CD}$ não tem qualquer ponto em comum com $\overleftrightarrow{AB}$), pelo que é paralelo a $\overleftrightarrow{AB}$. De igual modo, considerando o ponto C, verificamos mais uma vez que $\overleftrightarrow{CD}$ é a linha única através de C e D paralela a $\overleftrightarrow{AB}$. Podemos fazer a mesma coisa com as linhas AD, CD, DB, CA e CB e com os pontos que não se encontram na mesma, mostrando a existência de uma linha paralela única à linha dada através do ponto dado e não na linha. Assim, o postulado paralelo euclidiano mantém-se neste modelo.

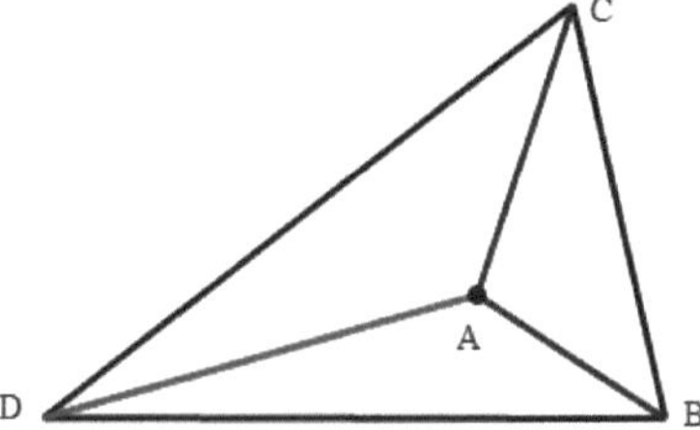

Fig 5.4.3: O plano de quatro pontos não satisfaz o postulado paralelo euclidiano

Dos três casos acima referidos obtemos três resultados diferentes em relação ao postulado paralelo euclidiano em carne com geometria de incidência contraditória entre si. Assim, um postulado paralelo euclidiano é independente da geometria de incidência.

Teorema 5. 4.2: Cada dois pontos do modelo cartesiano estão em linha.

Comprovação: Considere $P = (x_1, y_1)$ e $Q = (x_2, y_2)$.

Se $x_1 = x_2$ P e Q situam-se na linha vertical. $x = a = x_1$. Se não, então P e Q encontram-se no gráfico da equação

$$y\text{-}y_1 = \frac{y_2\text{-}y_1}{x_2\text{-}x_1}(x\text{-}x_1)$$ o que é facilmente visível como uma linha.

Teorema 5.4.3: Duas linhas cruzam-se no máximo num ponto.

Comprovação: Tendo em conta duas linhas l_1 e l_2 com $l_1 \neq l_2$. Vamos ter os três casos seguintes:

i. Se ambos são verticais, então não se cruzam de todo.

ii. Se um for vertical e o outro não, então os gráficos de $x = a$, e $y = mx + b$ intersectar no ponto único $(a, ma + b)$.

149

iii. Suponhamos, finalmente, que $y = m_1x + b_1$ e $y = m_2x + b_2$ são equações de l_1 e l_2.

Se $m_1 \neq m_2$ A álgebra, muito elementar, dá-nos exactamente uma solução comum e, portanto, exactamente um ponto de intersecção.

Se $m_1 = m_2$ então $b_1 \neq b_2$ e os gráficos não se cruzam de forma alguma.

Daí, a prova.

Já observámos que se l é o gráfico de $y = mx + b$ então, para cada dois pontos (x_1, y_1) e (x_2, y_2) de l temos

$$\frac{y_2 - y_1}{x_2 - x_1} = m$$

Assim, m é determinado pela linha não-vertical l. Como de costume, chamamos a mim o declive de l.

Teorema 5.4.4: Cada linha vertical intersecta cada não-vertical lina.

Comprovação: deixou uma missão

Observar que: se a linha vertical for dada por $\mathbf{x = a}$ e a linha não-vertical é $\mathbf{y = mx + b}$ depois intersectam-se no ponto $(\mathbf{a, ma + b})$.

Teorema 5.4.5: Duas linhas são paralelas se e só se

    i.   ambos são verticais, ou

    ii. também não é vertical, e têm a mesma inclinação.

Comprovação: Considere duas linhas $\mathbf{l_1 \neq l_2}$.

i.   Se ambos forem verticais, então $l_1 \| l_2$.

ii. Se nenhuma delas for vertical, e tiverem a mesma inclinação, então as equações

$y = mx + b_1$ e, $y = mx + b_2$ não têm uma solução comum e $l_1 \| l_2$.

Suponhamos, pelo contrário, que $l_1 \| l_2$. Se ambos forem verticais, então (i) mantém-se.

Resta apenas mostrar que, se nenhuma das duas linhas for vertical, têm a mesma inclinação.

Suponhamos que não. Então $l_1 : y = m_1x + b_1$, $l_2 : y = m_2x + b_2$ e $m_1 \neq m_2$.

Podemos resolver para x e y

$$m_1x + b_1 = m_2x + b_2$$
$$\Rightarrow (m_2 - m_1)x + b_2 - b_1 = 0$$
$$\Rightarrow x = -\frac{b_2 - b_1}{(m_2 - m_1}$$

$$\Rightarrow \quad y = m_1 \left(-\frac{b_2 - b_1}{(m_2 - m_1)} \right) + b_1$$

Conseguimos este valor de y, substituindo na equação de l_1 Mas os nossos x e y também satisfazem a equação de l_2 . Isto contradiz a hipótese $l_1 \| l_2$.

 Daí, a prova.

Teorema 5.4.6: Dado um ponto $\mathbf{P} = (\mathbf{x_1}, \mathbf{y_1})$ e um número m, há exactamente uma linha que passa por P e tem uma inclinação m.

Comprovação: As linhas l com declive m são os gráficos das equações $\mathbf{y} = \mathbf{mx} + \mathbf{b}$.

Se l contém (x_1, y_1), então$b = y_1$-mx b, e inversamente. Por isso, a nossa linha existe e é única.

5.5 Uma isometria, Traduções e rotações

Definição 5.5.1:

1. Uma **transformação** T é um mapeamento um-a-um de um conjunto A sobre um conjunto B. ou seja, um onto e um-a-um de uma função.

2. Uma transformação que preserva a distância entre pontos é chamada **isometria**. Ou seja, uma transformação T de todo o plano para si mesmo é uma isometria se para cada segmento AB, $\overline{AB} = T(A)T(B) = \overline{A'B''}$..

3. Uma **transformação de um plano** é uma transformação que mapeia pontos do plano em pontos do plano.

   Em particular, por uma **tradução** do modelo cartesiano, entendemos uma correspondência de um para um $T: E \leftrightarrow E$ de tal forma que $(x, y) \leftrightarrow (x + a, y + b)$ onde $v = (a. b)$ é chamado vector de tradução.

4. Uma **rotação** sobre um ponto O através de um ângulo com medida ϕ, denotado por $R_{O,\phi}$ é uma transformação de um avião em que O é cartografar para si próprio e para qualquer ponto P distinto de O se $R_{O,\phi}$ mapas P para P'então $d(P', O) = d(P, O)$ e $m\angle POP' = \phi$. O é chamado o centro da rotação.

Ilustração da tradução: Se aplicássemos uma tradução apenas aos pontos de um determinado objecto, poderíamos visualizá-lo como empurrando o objecto ao longo de uma mesa sem o virar.

Considere a seguinte tradução de ΔABC e a sua imagem $\Delta A'B'C'$.

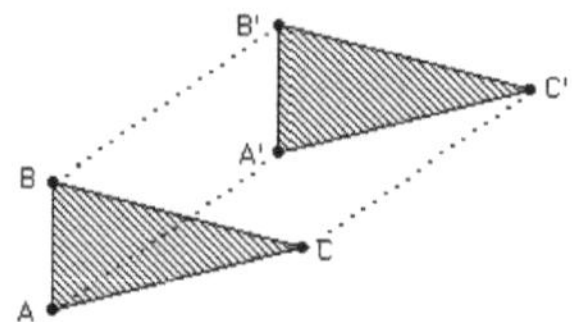

Fig 5.5.1

Os triângulos não são apenas congruentes entre si, mas os seus lados correspondentes são também "paralelos" entre si: $\overline{AB}$, $\overline{BC}$ e $\overline{CA}$ são paralelas a $\overline{A'B''}$., $\overline{B'C'}$e $\overline{C'A''}$.respectivamente. Trata-se de uma situação bastante especial, e o que está por detrás dela é um vector.

Exemplo: Let ΔABC com vértices $A(9,22)$, $B(3.4)$ e $C(1,6)$ a imagem de encontrar a ΔABC sob o vector de tradução $v = (2,3)$.

Solução: Para encontrar a imagem da figura dada, traduzimos os vértices do triângulo por determinado vector de tradução. Assim,

- $T(A) = (9 + 2, 22 + 3) = (11,25)$,
- $T(B) = (3 + 2, 4 + 3) = (5,7)$ e
- $T(C) = (1 + 2, 6 + 3) = (3,9)$

Portanto, o triângulo da imagem, $\Delta A'B'C''$. tem vérticesA'(11,25), B'(5.7) e C'(3,9).

Ilustrar as rotações: considerar um círculo centrado na origem (chamemos-lhe **O**) com raio **r**. Vejamos um ponto **P** sobre o círculo e considerar o ângulo θ formado por $\overrightarrow{PO}$ e a **x**-eixo. Queremos rodar o modelo cartesiano através e ângulo de medida (ϕ ver Figura 5.5.1).

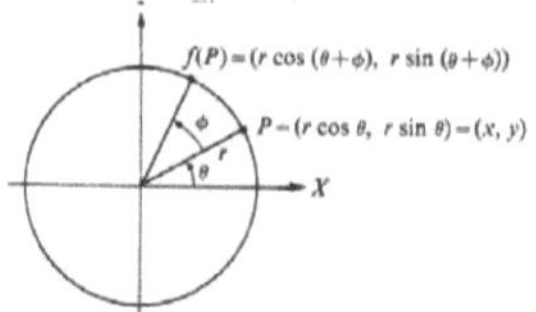

Fig 5.5.1

Trigonometricamente, isto pode ser feito através de uma correspondência de um para um,

$$f : E \leftrightarrow E, \text{ definidos como os rótulos da figura.}$$

152

Agora $\cos(\theta+\phi)=\cos\theta\cos\phi-\sin\theta\sin\phi.$

$\sin(\theta+\phi)=\sin\theta\cos\phi+\cos\theta\sin\phi.$

Para o triângulo angular direito formado pela queda da perpendicular de P para a x-eixo, temos o seguinte: $r=\sqrt{x^2+y^2}$,

$$\cos\theta=\frac{x}{\sqrt{x^2+y^2}},$$

$$\sin\theta=\frac{y}{\sqrt{x^2+y^2}},$$

Que $a=\cos\phi$ e $b=\sin\phi \Rightarrow a^2+b^2=1$

Podemos, portanto, reescrever as nossas fórmulas sob a forma

$$f:(x,y)\leftrightarrow(x',\,y'),$$

Onde $\qquad x'=r\cos(\theta+\phi)$

$$=\sqrt{x^2+y^2}\left(\frac{x}{\sqrt{x^2+y^2}}a-\frac{y}{\sqrt{x^2+y^2}}b\right)$$

$x' = ax\text{-}by$

e $\qquad y'=\sqrt{x^2+y^2}\left(\frac{y}{\sqrt{x^2+y^2}}a+\frac{x}{\sqrt{x^2+y^2}}b\right)$

$\qquad y' = ay\text{-}bx$

Qualquer correspondência desta forma, com $a^2+b^2=1$, é chamada uma rotação do modelo cartesiano.

Actividade:

1. mostrar que $d(f(P),O)=d(P,O)$

2. Dado $\triangle ABC$ com vértices A(9,22), B(3.4) e C(1,6)e, em seguida, encontrar a imagem de $\triangle ABC$ sob uma rotação $R_{O,\phi}$ onde O = (1,1) e $\phi = -\frac{\pi}{2}$.

Lemma 5.5.2: Se $\overline{AB} \equiv \overline{CD}$ então existe uma isometria f: $\overline{AB}\leftrightarrow\overline{CD}$ de tal modo que f(A) = C e f(B) = D.

Comprovação: A prova é constituída por duas partes.

i. precisamos de definir uma correspondência f entre os dois segmentos, e depois

ii. temos de mostrar que f preserva as distâncias.

Vamos mostrar as duas partes como se segue:

i. Em $\overline{AB}$ criemos um sistema de coordenadas, de modo a que a coordenada de A seja 0 e a coordenada de B seja positiva. Daí resulta, evidentemente, que a coordenada de B é o número AB.

```
A        P     Q     B
O        x     y     AB

C        P'    Q'    D
O        x     y     AB
```

Fig. 5.5.2

Do mesmo modo, criámos um sistema de coordenadas sobre $\overline{CD}$ de tal forma que a dinâmica do C é 0 e a coordenada de D é positiva e, por conseguinte, CD = AB. A figura 5.6.1 sugere como a correspondência f deve ser definido. Tendo em conta um ponto P de $\overline{AB}$ o ponto correspondente f(P) de $\overline{CD}$ é a questão P' que tem a mesma coordenada que P. Obviamente que se trata de uma correspondência de um para um entre os dois segmentos.

ii. Suponhamos que P e Q são pontos de AB , com as coordenadas x e y. Em seguida P$'$ = f(P) e Q$'$ = f(Q)têm as mesmas coordenadas x e y, respectivamente.

Desde PQ $=$ |x - y| e

$\quad$ P'Q' $=$ |x - y| ,

Daí decorre que PQ = P'Q'

Assim, as distâncias são preservadas.

Teorema 5.5.3: As isometrias preservam a entrelaçamento. Ou seja, as isometrias preservam a entre-idade, **A-B-C** então **A$'$-B$'$-C'**.

Comprovação: deixar **T** ser uma isometria de um avião. Que **A, B** e **C** ser três pontos distintos, de modo a que **A-B-C**. Além disso, deixemos **A$'$ = f(A)**, **B$'$ = f(B)**. Pela definição de mediocridade dos pontos, temos **AC = AB + BC** e **A, B, C** são colineares.

Desde fé uma isometria, A$'$C$'$ = AC, A$'$B$'$ = AB e B$'$C$'$ = BC. Daí, A$'$C$'$ = AC = AB + BC = A$'$B$'$ + B'C''..

Assim, pela desigualdade triangular, A, B, C são colineares. Por conseguinte, são colineares, A$'$-B$'$-C'.

Daí, a prova.

Teorema 5.5.4: As isometrias preservam a colinearidade. Ou seja, se $f: M \leftrightarrow N$ é uma isometria, e M está sobre uma linha lN também se encontra numa linha l.

Comprovação: Suponhamos que não. Então N contém três pontos não lineares A', B', C'. Os pontos de imagem inversa A, B e C pode ser organizado em ordem X, Y, Z de tal modo que $X\text{-}Y\text{-}Z$. Por cima de Theorem, um dos pontos A'', B e C' é entre os outros dois. Isto contradiz a hipótese de que A'', B e C' são não-colineares.

   Daí, a prova.

Note-se que: Cada reflexão de linha é uma isometria.

Teorema 5.5.5: a imagem de um segmento de linha, raio, ângulo e triângulo sob uma isometria é um segmento de linha, raio, ângulo e triângulo, respectivamente.

Comprovação: deixar T ser uma isometria de um avião tal que $T(P) = P'$ para cada ponto P. Por definição de uma segmentação linear, temos $\overline{AB} = \{P: A\text{-}P\text{-}B\} \cup \{A, B\}$. Mas, pelo teorema 5.5.3, a isometria preserva a intermodalidade. Assim, a isometria, $A'\text{-}P'\text{-}B''$.. por conseguinte, $\overline{A'B''} = \{P': A'\text{-}P'\text{-}B'\} \cup \{A', B'\}$ é um segemet de linha.

O resquício foi deixado como um exercício.

Teorema 5.5.6: Uma isometria preserva a congruência de um segmento de linha, de um ângulo e de um triângulo.

Prova: vamos primeiro provar o caso da segmentação de linhas.

Tendo em conta duas segmentações $\overline{AB} \equiv \overline{CD}$ e uma isometria T de tal modo que A', B', C' e D' são imagens de A, B, C e D sobre T respectivamente. Temos de mostrar que $\overline{A'B''} \equiv \overline{C'D'}$. Mas por definição de isometria $\overline{AB} \equiv \overline{A'B''}$ e $\overline{CD} \equiv \overline{C'D'}$. Assim, por transactividade, temos $\overline{A'B''} \equiv \overline{C'D'}$.

O restante como um exercício.

Teorema 5.5.7: A tradução de um plano euclidiano é isometria.

Comprovação: deixar **T** ser uma tradução de um plano euclidiano. Let **X** e **Y** ser dois pontos no avião e $X' = T(X)$ e $Y' = T(Y)$. Pela definição de tradução $\overline{XX''}$ e $\overline{YY''}$ são congruentes e paroquiais. Dois casos são possíveis: Ou: X, X', Y e Y' são colineares ou não colineares.

i. Suponhamos que X, X', Y e Y' são colineares. Suponhamos também que os pontos da ordem X, Y, X', Y'. Em seguida, por meio de pontos e substituições, $XY = XX'\text{-}YX' = YY'\text{-}X'Y =$

X'Y".. Os outros casos da ordem dos pontos podem ser demonstrados de forma semelhante. Por conseguinte, os outros casos da ordem dos pontos podem ser demonstrados da mesma forma, XY = X'Y"..

ii. Suponhamos que X, X', Y e Y' não são colineares. Desde $\overline{XX"}$. e $\overline{YY"}$. são congruentes e parallal, o quadrilátero XX'YY". é um pararelograma. portanto, XY = X'Y"..

Por conseguinte, T é uma isometria.

Observe que: de Theorem 5.5.7 e Theorem 5.5.3 a Theorem 5.5.6 é anterior que uma tradução

- preservar o relacionamento
- preservar a colinearidade,
- a imagem uma segmentação de linha, raio, ângulo e triângulo inferior é uma segmentação de linha, raio, ângulo e triângulo respectivamente e
- preservar a congruência da segmentação das linhas, do ângulo dos raios e do triângulo. (justificar)

Se l é o gráfico da equação Eixo + Por + C = 0então os pontos $(x', y') = (x + a, y + b)$ de f(l) satisfazer a equação

$$A(x' - a) + B(y' - b) + C = 0$$

ou

$$Ax' + By' + (-aA - bB + C) = 0$$

Isto é linear. Temos, portanto, o seguinte teorema:

Teorema 5.5.8: Traduções preservar linhas.

Comprovação: exercício de leitura

Observações: Como as traduções preservam linhas e distâncias, elas preservam tudo o que é definido em termos de linhas e distâncias.

Exercício 5.5.9: Comprove cada um dos seguintes

1. Se uma tradução tem um ponto fixo, então é a moção de identidade.
2. Num plano euclidiano, o produto de duas traduções em linhas diferentes é novamente uma tradução, e o conjunto de todas as traduções em todas as linhas é um grupo comutativo.
3. O conjunto de isometrias de um avião é um grupo em composição.

Proposta 5.5.10: No modelo cartesiano do plano euclidiano, as traduções ao longo de uma linha fixa formam um grupo isomórfico de um só parámetro ao grupo de números reais em adição.

Comprovação: Let (e_0, f_0) ser um vector de unidade paralelo à linha fixa l (ver figura 5.5.3 infra). Em seguida, o vector correspondente a um T *de* translação ao longo de l tem a forma $t(e_0, f_0) = (te_0, tf_0)$em que $|t|$ é a distância traduzida e t é positiva ou negativa, consoante a direcção da tradução seja a mesma que (e_0, f_0) ou opostas. Se T' corresponder ao vector $t'(e_0, f_0)$, então $T'T$ corresponde ao vector:

$$t(e_0, f_0) + t'(e_0, f_0) = (t + t')(e_0, f_0).$$

Assim, a atribuição do parâmetro t a T dá o isomorfismo.

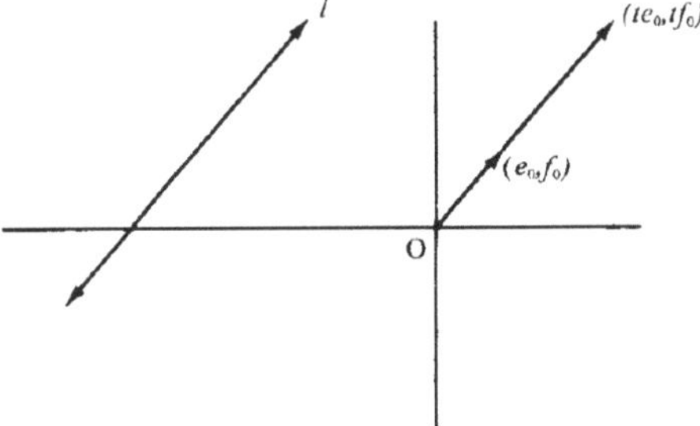

Fig 5.5.3

Teorema 5.5.11: Uma rotação de um plano euclidiano é uma isometria.

Comprovação: Let $R_{O,\emptyset}$ ser uma rotação de um plano euclidiano em que **O** é o centro. Deixe **X** e **Y** ser dois pontos distintos no plano e $X' = R_{O,\emptyset}(X)$ e $Y' = R_{O,\emptyset}(Y)$. Temos de mostrar que $R_{O,\emptyset}$ é isomeria. Ou seja $R_{O,\emptyset}$ preservar a distância.

Agora, temos dois casos. Ou é essa a questão. O, X e Y são colineares ou não colineares.

i. Assumir O, X e Y são colineares. Suponhamos que O = X. Em seguida, por definição de $R_{O,\emptyset}$, XY = OY = OY' = XY'. O caso de O = Y é semelhante.

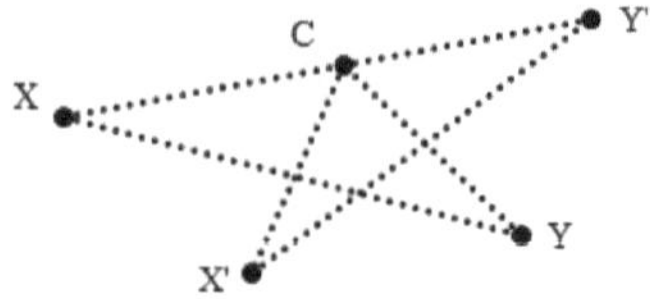

Fig 5.5.4

Suponhamos que O-X-Y. Pela definição $R_{O,\phi}$, OX = OX', OY = OY' e $m(\angle XOX') =$ $m(\angle YOY')$. Desde O-X-Y e $m(\angle XOX') = m(\angle YOY')$, $\angle XOX' \equiv \angle YOY'$ e O-X'-Y'. Assim, por substituição e entreponto de pontos, XY = OY-OX = OY'-OX' = X'Y'. O caso da outra ordem de pontos pode ser encontrado de forma semelhante.

ii. Assumir que O, X e Y são não-colineares.

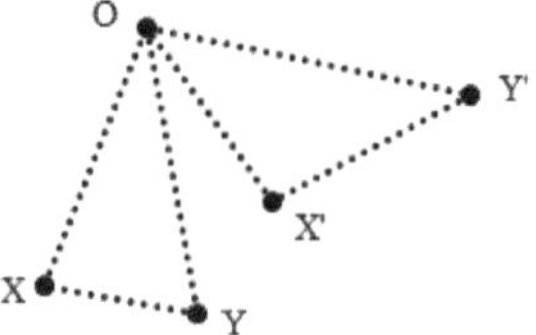

Fig 5.5.5

Então, pela definição $R_{O,\phi}$, $\overline{OX} \equiv \overline{OX'}$, $\overline{OY} \equiv \overline{OY'}$ e $\angle XOX' \equiv \angle YOY'$. Tal como o argumento que utiliza a interpolação de pontos, temos por substituição e adição angular que $\angle XOX \equiv \angle X'OY'$.

Note-se que vários casos devem ser considerados; os pormenores são deixados como um Exercício.

Assim, $\triangle XOY \equiv \triangle X'OY'$ pela SAS. Por conseguinte, a SAS, XY = X'Y'.

Em todos os casos, XY = X'Y' para quaisquer dois pontos distintos X e Y. Daí, $R_{O,\phi}$ é uma isometria.

Observe que: de Theorem 5.5.11 e Theorem 5.5.3 a Theorem 5.5.6 é anterior que uma rotação

- preservar o relacionamento

158

- preservar a colinearidade,
- a imagem uma segmentação de linha, raio, ângulo e triângulo inferior é uma segmentação de linha, raio, ângulo e triângulo respectivamente e
- preservar a congruência da segmentação das linhas, do ângulo dos raios e do triângulo. (justificar)

Teorema 5.5.12: O inverso de uma rotação é uma rotação.

Comprovação: exercício

Teorema 5.5:13: As rotações preservam as linhas.

Comprovação: dada uma linha lA equação pode, então, ser qualquer uma das formas:

3. $x = k$,

4. $y = k$ ou

5. $y = mx + k$ onde $m \neq 0$

No caso 1, f(l) é o gráfico de $ax' + by' = k$,

onde a e b não são ambas iguais a zero, porque a2 + b2 = 1. Por conseguinte, l é uma linha.

No caso 2, f(l) é o gráfico de

$$ay' - bx' = k,$$

que é agin a line.

No caso 3, f(l) é o gráfico de

$$ay' - bx' = max' + mby' + k,$$

ou

$$(ma + b)x' + (mb - a)y' + k = 0.$$

Se tivéssemos ambos $ma + b = 0$ e mb-a = O,

então temos $ma^2 + ab = 0$ e ma^2- ab = 0,

para que

$$m(a^2 + b^2) = 0,$$

e m = 0, contradizendo a nossa hipótese.

Vamos utilizar as rotações no modelo cartesiano da mesma forma que utilizámos as reflexões no modelo Poincare, para mostrar que os postulados de congruência de ângulos se mantêm. Para isso, vamos precisar de saber que cada raio que começa na origem (0,0) pode ser rodado para a extremidade positiva do eixo x, e vice-versa. Pelo teorema 5.5.13, será suficiente provar o seguinte teorema.

Teorema 5.5.14: Deixemos $P = (x_0, 0)$ onde $x_0 > 0$ e $Q = (x_1, y_1)$ de tal modo que

$$x_o = \sqrt{x^2{}_1 + y^2{}_1}$$

Depois há uma rotação f de tal modo que f(P) = Q.

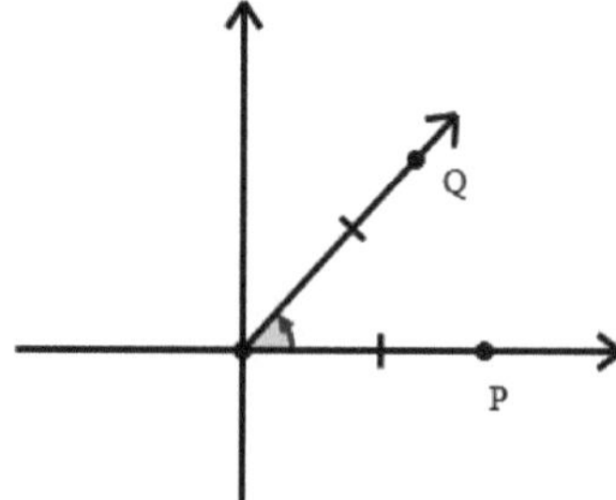

Fig. 5.5.6

A equação na hipótese diz, naturalmente, que P e Q estão equidistantes da origem.

Como guia para o estabelecimento dessa rotação, notamos, não oficialmente, que queremos rodar E através de um ângulo de medida Φ, onde

$$a = cos\Phi = \frac{x_1}{\sqrt{x_1{}^2 + y_1{}^2}}$$
$$b = sin\,\theta = \frac{y_1}{\sqrt{x_1{}^2 + y_1{}^2}}$$

Assim, a rotação deve ser f: $E \leftrightarrow E$: (x,y) $(\leftrightarrow x' ,y')$,

onde

$$x' = ax - by = \frac{x_1}{\sqrt{x_1{}^2 + y_1{}^2}}x - \frac{y_1}{\sqrt{x_1{}^2 + y_1{}^2}}y$$
$$y' = bx + ay = \frac{y_1}{\sqrt{x_1{}^2 + y_1{}^2}}x + \frac{x_1}{\sqrt{x_1{}^2 + y_1{}^2}}y,$$

Obviamente a2 + b2 = 1 nestas equações, e assim f é uma rotação. E

$$f(xo,0)=(\frac{x_1}{\sqrt{x_1{}^2+y_1{}^2}}x_o\,,\frac{y_1}{\sqrt{x_1{}^2+y_1{}^2}}y_o)$$

$$=(x_1,y_1)$$

que é o resultado que nós queríamos.

Exercício 5.5.15:

4. quais das seguintes cartografias são transformações? Justifique a sua resposta.

   a. $f: R \longrightarrow R$ de tal modo que $f(x) = \frac{x\text{-}3}{2}$

   b. $f: R \longrightarrow R$ de tal modo que $f(x) = x^2$

   c. $f: R^2 \longrightarrow R^2$ de tal modo que $f(x,y) = (x\text{-}2, y+1)$

   d. $f: R^2 \longrightarrow R^2$ de tal modo que $f(x,y) = (2x, 3y)$

   e. Que P ser um ponto de um avião S. Definir $f: S \longrightarrow S$ por $f(P) = P$ e para qualquer ponto $Q \neq P$, $f(Q)$ é o ponto médio de $\overline{PQ}$.

5. Deixemos A(0, 0, 1), B(1, 0, 1), C(0, 1, 1), D(1, 1, 1), E(2, 1, 1) e F(1, 2, 1). Mostrar os conjuntos {A, B, C} e {D, E, F} são congruentes. Note-se que: Dois conjuntos de pontos são considerados congruentes desde que exista uma isometria em que um conjunto seja a imagem do outro conjunto.

   5.6.Postulado de separação de planos

Mostraremos em primeiro lugar que o postulado de separação de planos é válido para o caso em que a linha em questão é o eixo x. Será então fácil obter o caso geral.

Que E+ seja o "meio plano superior". Ou seja $E^+ = \{(x,y)/\, y > 0\}$.

Definição 5.6.1: Um conjunto de pontos **S** é chamado conjunto convexo desde que tenha a propriedade que para todos os pontos, $\mathbf{E} \in \mathbf{S}$ *e* $\mathbf{F} \in \mathbf{S}$ implica o segmento $\overline{\mathbf{EF}}$ reside em **S**.

Entreness Axiom: Para cada linha **l** e para quaisquer três pontos **A, B, C** não deitado em **l**:

i. Se A e B estiverem do mesmo lado de l e B e C estão do mesmo lado de lA e C estão também do mesmo lado de l.

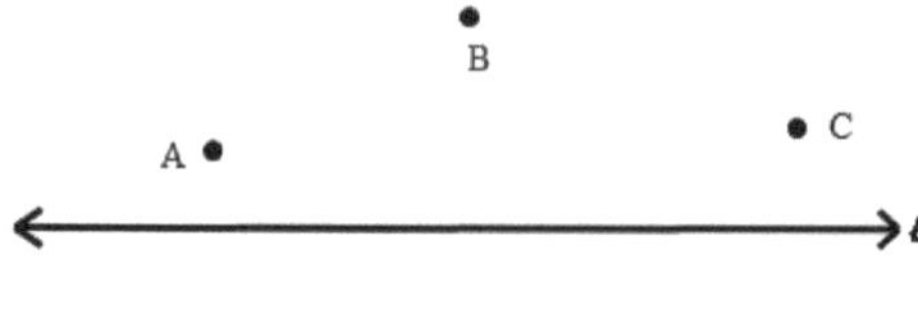

Fig 5.6.1

ii. Se A e B nuas em lados opostos de *I* e a banda C estão em lados opostos de *I*, então A e C estão no mesmo lado de *I* (ver figura acima)

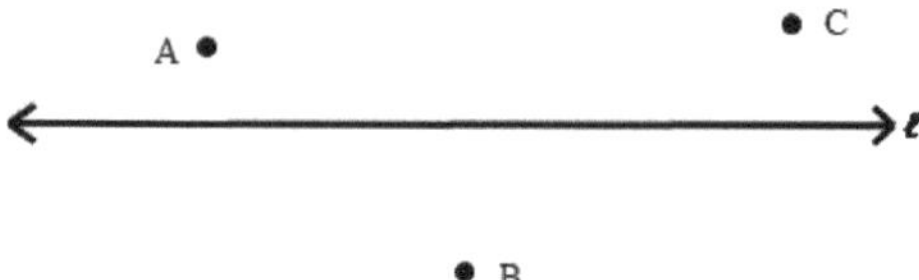

Fig 5.6.2

Teorema 5.6.2: E^+ é convexo.

Comprovação: Se A, B, e C forem pontos de uma linha, com coordenadas x, y e z e $x < y < z$ então **A-B-C** (justificar).

Uma vez que apenas um dos pontos A, B, C se situa entre os outros dois, o theotem tem um verdadeiro inverso: se A-B-C, então $x < y < z$ ou $z < y < x$.

Consideremos agora dois pontos, $A = (x_1, y_1)$ e $C = (x_2, y_2)$ de E+:

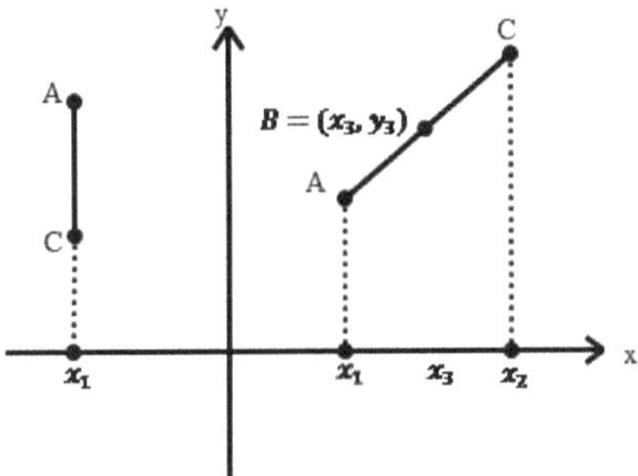

Fig 5.6.3

Temos de mostrar que $\overline{AC}$ encontra-se em E^+. Ou seja, se A-B-Ccom B $= (x_3, y_3)$então $y_3 >$ 0. Obviamente, para o caso $x_1 \neq x_2$ podemos assumir que $x_1 < x_2$como na figura acima; e para o caso $x_1 = x_2$podemos assumir que $y_1 < y_2$.

No primeiro caso, a linha $\overline{AC}$ é o gráfico de uma equação

$$y = mx + b,$$

e dispõe de um sistema de coordenadas da forma

$$f(x,y) = \sqrt{1 + m^2}x.$$

No segundo caso, a linha é o gráfico da equação $x = x_1$

e dispõe de um sistema de coordenadas da forma

$$f(x,y) = y.$$

É fácil verificar que, no primeiro caso

$$f(A) < f(B) < f(C),$$

para que $x_1 < x_3 < x_2$,

Para m > 0, $mx_1 + b < mx_3 + b < mx_2 + b$;

para m < 0as desigualdades são geridas de outra forma; mas em ambos os casos y_2 situa-se entre dois números positivos. No segundo caso ($x_1 = x_2$), o mesmo resultado segue-se ainda mais facilmente.

Que E^- seja o "meio plano inferior". Isto é, $E^- = \{(x,y)/y < 0\}$.

163

Desde a função, f: (x, y) ↔ (x, -y)é obviamente uma isometria, preserva segmentos. Por conseguinte, preserva a convexidade. Desde f(E⁺) = E⁻Temos o seguinte teorema.

Teorema 5.6.3: E⁻ é convexo.

Comprovação: exercício

Postulado (Postulado de Separação de Aviões):

Que l ser qualquer linha que se encontre em qualquer plano π. O conjunto de todos os pontos em π não em l consiste na união de dois subconjuntos H_1 e H_2de π de tal modo que

1. H_1 e H_2 são conjuntos convexos

2. H_1 e H_2não têm pontos em comum.

3. Se E estiver em H_1 e F está em H_2 a linha l intersecta o segmento EF

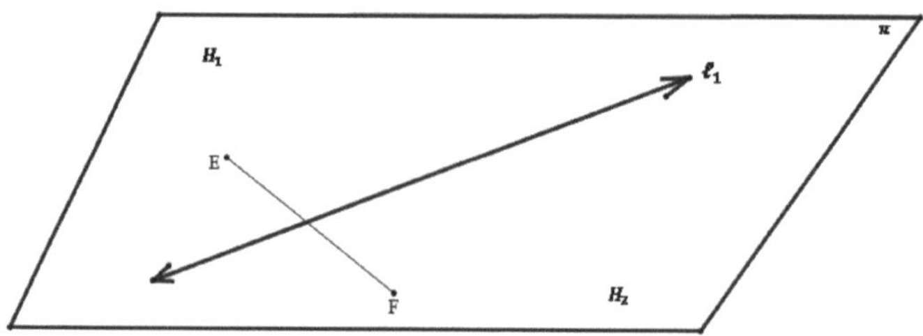

Fig 5.6.1

Definição 5.6.4: Os dois conjuntos H_1 e H_2 são chamados os **dois lados de l (ou meios-aviões)** determinados por l.

Teorema 5.6.5: E (o plano xy-cordenado) e a linha **y = 0** satisfazer as condições para π e l no postulado de separação do plano.

Deixemos agora l ser qualquer linha em E, e deixar A = (x1,y1) ser qualquer ponto de l. Por uma tradução fpodemos mudar A para a origem. Através de uma rotação g, podemos deslocar a linha resultante para o eixo x. Deixemos

$$H_1 = g^{-1}f^{-1}(E^+) \text{ e } H_2 = g^{-1}f^{-1}(E^-)$$

Uma vez que todas as condições do postulado de separação do plano são preservadas sob isometrias, temos os seguintes teoremas.

Teorema 5.6.6: E satisfaz as condições do postulado de separação do plano.

Teorema 5.6.7: As isometrias preservam meios planos.

Comprovação: Deixe H1 ser meio plano com borda le deixar H2 ser o outro lado de l . Se f é uma isometria, então f(l) é uma linha l '. Que $\mathbf{H'_1 = f(H_1)}$ *e* $\mathbf{H'_2 = f(H_2)}$

Depois H'_1 e H'_2 são convexas, e cada segmento entre dois pontos f(A) de H'_1 e f(B) de H'_2 deve intersectar f(l). Por conseguinte, H'_1 é um meio plano com l' como borda.

Teorema 5.6.8: As isometrias preservam os interiores dos ângulos.

Ou seja, se P é o interior do $\angle ABC$, então f(P) é o interior de f($\angle ABC$).

5.7 Congruências Angulares

Queremos verificar que a congruência angular, definida por meio de isometrias de E sobre si mesma, satisfaz os postulados. e satisfaz também o SAS. Apenas uma destas verificações é trivial.

Postulado: Para os ângulos, a congruência é uma relação de equivalência.

Comprovação:

(1) $\angle A \equiv \angle A$ sempre, porque a função de identidade E $\leftrightarrow$E é uma isometria.

(2) Se $\angle A \equiv \angle B$ então $\angle B \equiv \angle A$ porque o inverso de uma isometria é uma isometria.

(3) Se $\angle A \equiv \angle B$ e $\angle B \equiv \angle C$ então $\angle A \equiv \angle C$ porque a composição das isometrias para as quais $\angle A \leftrightarrow \angle B$ e $\angle B \leftrightarrow \angle C$ é sempre uma isometria para a qual $\angle A \leftrightarrow \angle C$.

Axioma de congruência: Se$\angle A \equiv \angle B$ e $\angle A \equiv \angle C$ então $\angle B \equiv \angle C$. Além disso, todos os ângulos são congruentes a si mesmos.

Lemma 5.7.1: Let f ser uma isometria de E sobre si mesma. Se $\mathbf{f(E^+) = E^+}$ e f(P) = P para cada ponto P do eixo x, então f é a identidade.

Comprovação: Seja A a origem (0,0), e B = (1,0). Seja Q = (a, b) qualquer ponto, e deixe $\mathbf{f(Q) = (c, d)}$. Depois $\mathbf{AQ = f(A)f(Q), BQ = f(B)f(Q)}$.

Tomando o quadrado de cada uma destas distâncias, obtemos

$$a^2 + b^2 = c^2 + d^2$$
$$(a\text{-}1)^2 + b^2 = (c\text{-}1)^2 + d^2$$
$$a^2 + b^2\text{-}2a + 1 = c^2 + d^2\text{-}2c + 1$$

de modo que a = c. Portanto, b2 = d2 . Uma vez que f(E+) = E+, b e d são ambos positivos, ambos zero, ou ambos negativos. Portanto b = d. Assim f(Q) = Q para cada Q, o que devia ser provado.

Lemma 5.7.2: Que A seja a origem, que $\mathbf{B = (a, 0)}$ onde $\mathbf{a > 0}$ ser um ponto do eixo x; e deixar $\mathbf{C = (b, c)}$ e $\mathbf{D = (d, e)}$ ser pontos de $\mathbf{E^+}$ e $\mathbf{E^-}$ de tal modo que $\mathbf{AC = AD}$ e $\mathbf{BC = BD}$. Depois há uma isometria

$$f: E \leftrightarrow E \text{ de tal modo que } f(A) = A, f(B) = B, f(C) = De f(D) = C.$$

Comprovação: Vamos mostrar que d = banda e = -c. A isometria desejada f será então a função $\mathbf{(x, y) \leftrightarrow (x, -y)}$.

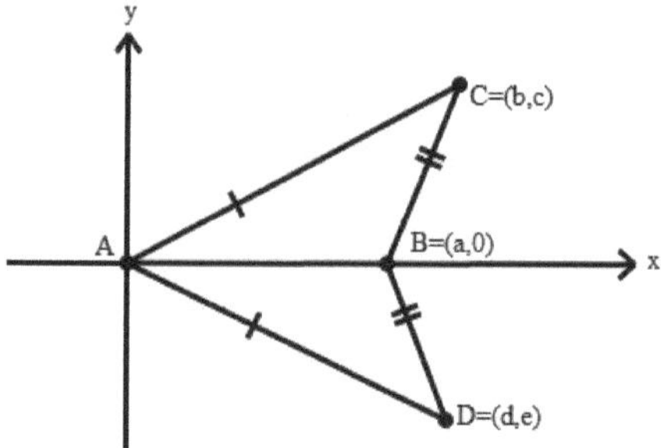

Fig 5.7.1

Dado :

$$c^2 + b^2 = e^2 + d^2$$
$$b\text{-}a)^2 + c^2 = d\text{-}a)^2 + e^2$$

temos -2ab = -2ad . Desde um > 0, isto dá b = d. Por conseguinte, $c^2 = e^2$. Desde c > 0 e e < 0, temos e = -c.

Lemma 5.7.3: Dado **ABC** existe uma isometria **f** de **E** para si mesma, de tal forma que $f(\overrightarrow{BA}) = \overrightarrow{BC}$ e $f(\overrightarrow{BC}) = \overrightarrow{BA}$. Ou seja, os lados do ângulo podem ser intercambiados por uma isometria.

Na prova, podemos supor que BA = BC, uma vez que A e C podem sempre ser escolhidos de forma a satisfazer esta condição.

Que D seja o ponto médio de $\overline{AC}$. Usando uma tradução seguida de uma rotação, obtemos uma isometria. g: E $\leftrightarrow$ E de tal modo que g($\overrightarrow{BD}$) é o extremo positivo do eixo x. Ou seja, primeiro traduzimos B para a origem, e depois fazemos uma rotação. Pelo lema anterior, há uma isometria h: E $\leftrightarrow$ EA" e C", e deixando B" e D" fixos. Deixar f = g⁻¹hg.

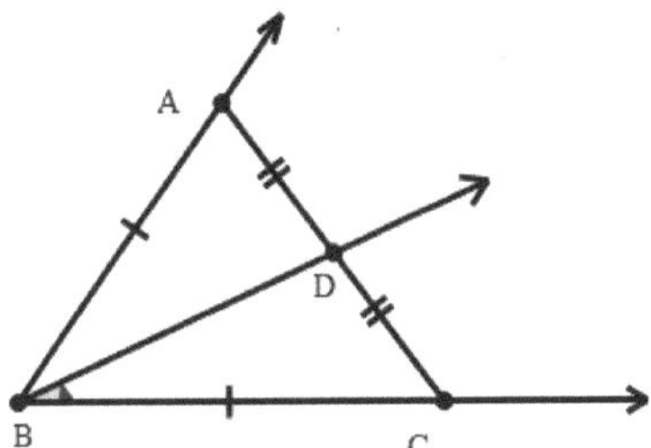

Fig 5.7.2

Ou seja, f é a composição de g, heg⁻¹ . Depois f é uma isometria f(B) = B, f f(A) = Ce f(C) = A.

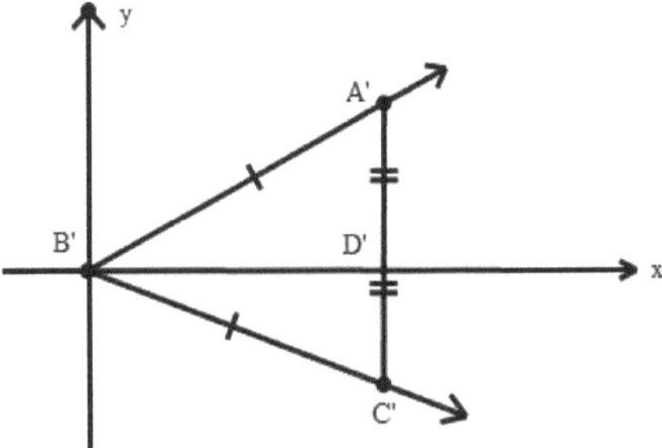

Fig 5.7.3

167

Agora é fácil verificar o resto dos nossos postulados de congruência. Curiosamente, o mais fácil é o *SAS*. Colocamos isto no estilo de uma reafirmação.

Teorema 5.7.4 (SAS): Dado ΔABC, ΔA'B'C''.e uma correspondência **ABC** ↔ **A'B'C''**..

se   1. $AB = A'B'$ então   1. $\angle A \equiv \angle A'$

         2. $\angle B \equiv \angle B'$ 2. $\angle C \equiv \angle C'$

         6. BC = B'C''.   3.AC = A'C''.

Comprovação: Na segunda parte da hipótese, existe uma isometria **E** ↔ **E** e∠B ↔ ∠B. Por Lemma 5.7.3 segue-se que existe uma isometria **f: E** ↔ **E** de tal modo que

i.   f: B ↔ B'

ii. $f: \overrightarrow{AB} \leftrightarrow \overrightarrow{A'B'}$

iii. $f: \overrightarrow{BC} \leftrightarrow \overrightarrow{B'C'}$

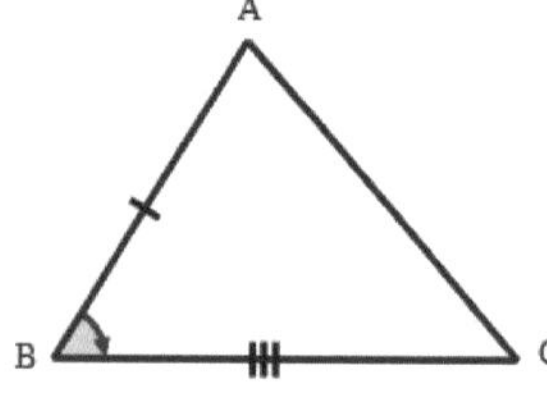
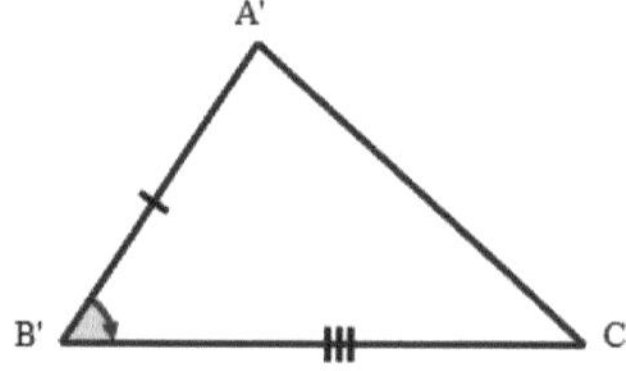

Fig. 5.7.4

Note-se que: Se a isometria indicada se mover ∠B em ∠B' de "forma errada", então seguimo-la por uma isometria que interage com os lados do ∠B'..

Da alínea i) decorre que A' = f(A) e C' = f(C). Por conseguinte, ∠A' = f(A) e∠A' ≡ ∠A, ∠C' = f(C)e∠C' ≡ ∠C. Também AC = A'C''.porque f é uma isometria (justificar).

Daí, a prova.

Esta prova tem uma certa semelhança com a "prova" de Euclides da SAS por sobreposição.

Corrolary 5.7.5: Let∠ABC ser um ângulo, deixe **B'G'** ser um raio, e deixar H ser um meio plano cuja borda contenha **B'G'**. Depois há exactamente um raio **B'A''**.com "A" em H, de tal forma que ∠**ABC** = ∠**A'B'C''**..

Comprovação: exercício de leitura

Corolário 5.7.6: Considere ∠**BAC**

> Se 1. D está no interior de ∠BAC
>
>   2. D" está no interior de ∠B'A'C'   então $\angle BAC \equiv \angle B'A'C'$
>
>   3. $\angle BAD \equiv \angle B'A'D'$
>
>   4. $\angle DAC \equiv \angle D'A'C'$

Comprovação:

1. Por uma isometria f..., nós movemos $\overrightarrow{AD}$ para R e B em E+. (Para isso, precisamos de uma tradução, seguida de uma rotação e talvez de uma reflexão $(x, y) \leftrightarrow (x, -y)$.)

2. Por uma isometria g, nós movemos $\overrightarrow{A'D}$ para Rand B" em E+.

3. Pela condição de singularidade do postulado anterior, sabemos que $f(\overrightarrow{AB}) = g(\overrightarrow{A'B'})$ e $f(\overrightarrow{AC}) = g(\overrightarrow{A'C'})$.

4. Por conseguinte, $f(\angle BAC) = g(\angle B'A'C'')$. Por conseguinte, ∠BAC ≡ ∠B'A'C'A isometria exigida é a seguinte $g^{-1}f$.

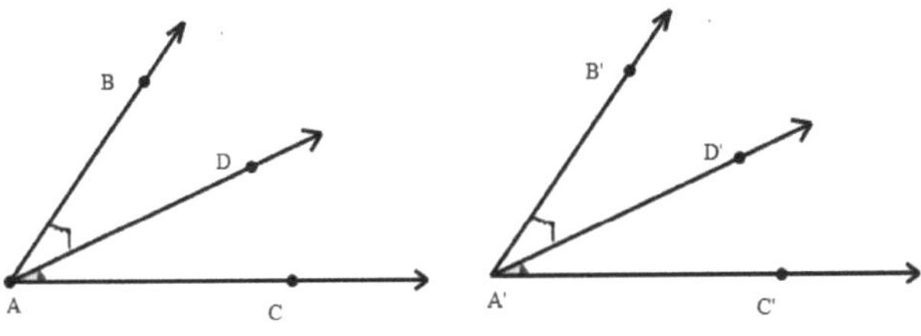

Fig 5.7.3

Corrolariano 5.7.7:

> Se 1. D está no interior de ∠BAC
>
>   2. D" está no interior de ∠B'A'C'   então $\angle DAC \equiv \angle D'A'C'$
>
>   3. ∠BAD ≡ ∠B'A'D".
>
>   4. ∠BAC ≡ ∠B'A'C'

Comprovação: Let f seja a isometria. Então, por (4), temos que $f(\angle TAS) = \angle B'A'C''$.. Por Lemma 5.7.3 podemos supor que $f(\overrightarrow{AB}) = \overrightarrow{A'B'}$ e $f(\overrightarrow{AC}) = \overrightarrow{A'C'}$. Então certamente

$f(\angle\mathbf{BAD}) \equiv \angle\mathbf{BAD}$. A condição de singularidade do corrolário 5.7.5 diz-nos assim que $f(\overrightarrow{\mathbf{AD}}) = \overrightarrow{\mathbf{A'D'}}$. Por conseguinte, $f(\angle\mathbf{DAC}) \equiv \angle\mathbf{D'A'C''}$. e $\angle\mathbf{DAC} \equiv \angle\mathbf{D'A'C''}$.que devia ser provado.

Exercício 5.7.8:

1. Que l ser a linha que atravessa os pontos P = (2,4) e Q = (-3,6). Depois encontrar
   a. as coordenadas geométricas de P e Q
   b. Utilizar (a) para encontrar a distância entre P e Q.
2. Mostrar que a tradução seguida de rotação é isometria.
3. Mostrar que a medida do ângulo é invariável sob uma isometria de um plano euclidiano.
4. Suponhamos que l é uma linha no plano real cartesiano definida pela equação Eixo + Por + C = 0 e f: l $\longleftrightarrow$ R é a função dada por

$$f(x,y) = \begin{cases} y, & \text{if } B = 0 \\ x\sqrt{1 + \left(\dfrac{A}{B}\right)^2} & \text{if } B \neq 0 \end{cases}$$

   Provar que f é um sistema de coordenadas para l
5. Provar que o círculo invariante é uma isometria.
6. Que τ ser um círculo com centro em (2,3) e raio 4. Depois encontre a imagem de τ em
   a. Tradução com vector de tradução v = (5,4)
   b. Rotação com centro O = (1,4) e ângulo de rotação $\emptyset = \dfrac{\pi}{6}$

6. Referemce.

1. Geometria elementar de um ponto de vista avançado por Edwin E. Moise (3ª Edição)

2. Introdução à Geometria por H. S. M. COXETER, F. R. S.(2ª Edição)

3. Moderngeometrias por JAMES R. SMART

4. Euclides e Geometrias não euclidesianas por Marvin .Jay Greenberg(3^a Edição)

5. Belyaev, O. Q. (2007). Fundamentos da Geometria. Obtido em 24 de Outubro de 2016 em http://polly.phys.msu.ru/~belyaev/geometry.pdf

6. Gantert, A. (2008). Geometria. Amsco School Publication, Estados Unidos da América.

7. Getenet, A. (2010). Conceitos fundamentais de geometria. Universidade Haramaya (Módulo inédito)

8. Min, B. (2010). Notas de Palestra sobre Geometria Euclidiana. Obtido em 17 de Outubro de 2016 em http://www.math.wustl.edu/~minbaili/2010sp266L1.pdf

9. Ross, S.W. (2000). Geometria não euclidiana. University of Maine (Tese de Mestrado não publicada).

10. Peil, T. (2006). Distância e axiomas governantes. Obtido em 24 de Outubro de 2016 em http://web.mnstate.edu/peil/geometry/C2EuclidNonEuclid/PDF/3Ruler.pdf

11. Peil, T. (2006). Introdução aos sistemas axiomáticos. Obtido em 24 de Outubro de 2016, a partir de
http://web.mnstate.edu/peil/geometry/C1AxiomSystem/PDF/AxiomaticSys.pdf

Printed by Books on Demand GmbH, Norderstedt / Germany